Zeichnen und Rechnen

1 Verbinde die Zahlen von 771 bis 820.

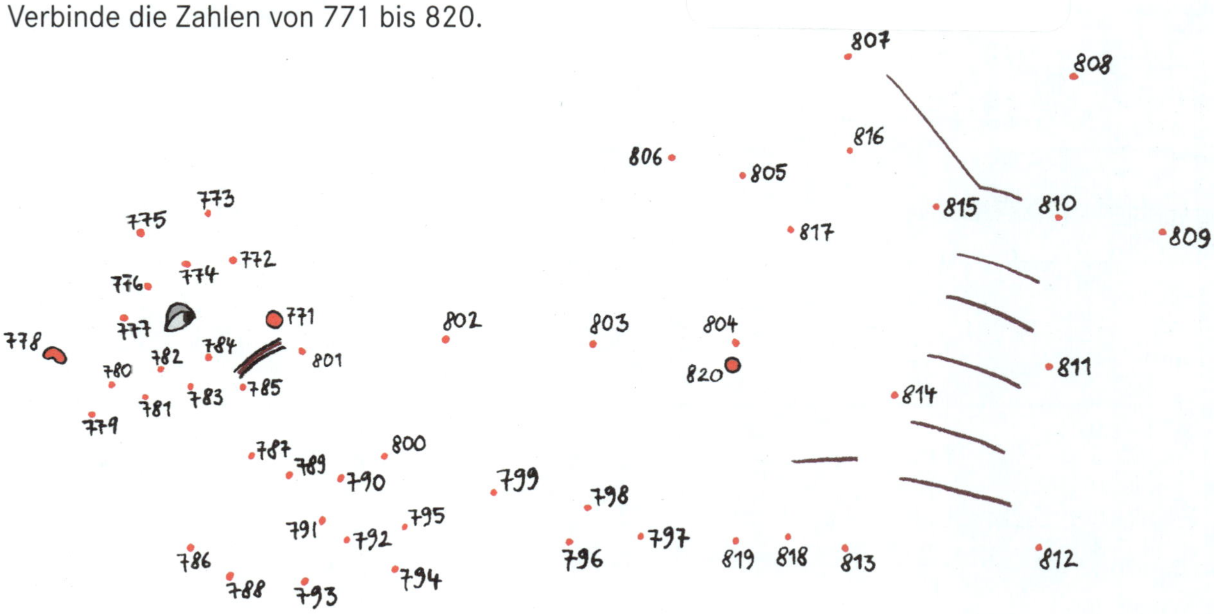

2 Übertrage die Figur in die freien Kästchen. Du kannst ausmalen.

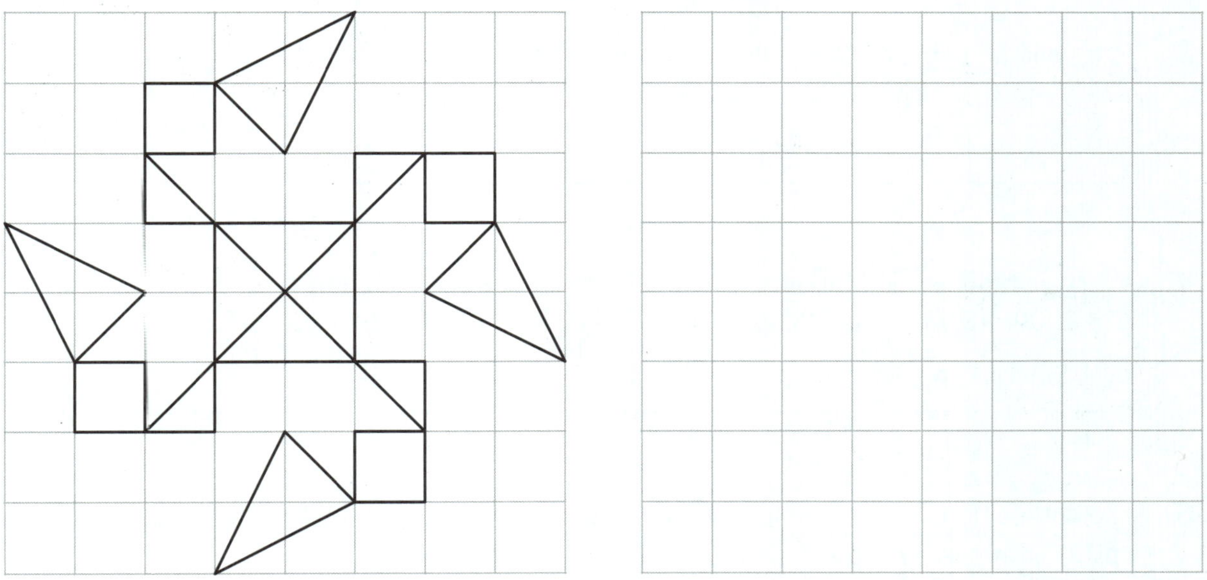

3 Jeder Buchstabe bedeutet eine Ziffer.

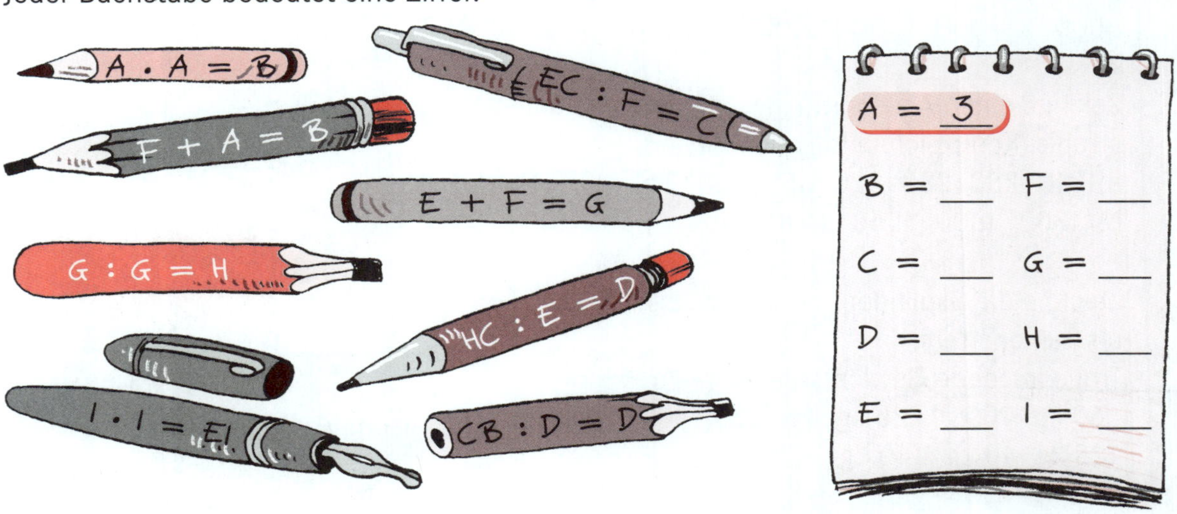

Zahlenstrahl

1 Wie heißen die gekennzeichneten Zahlen?

a)

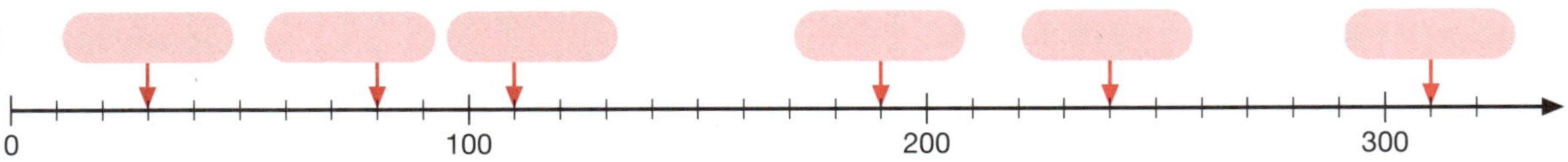

b)

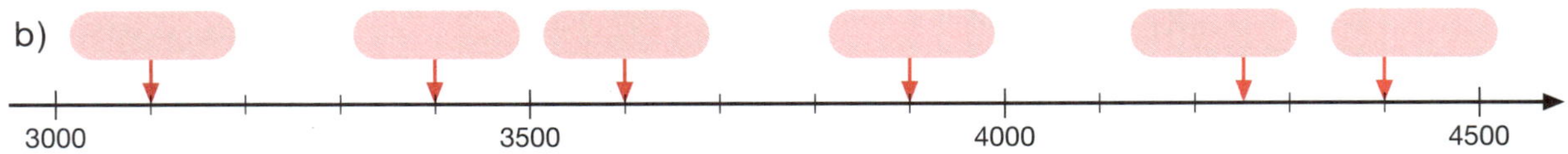

c)

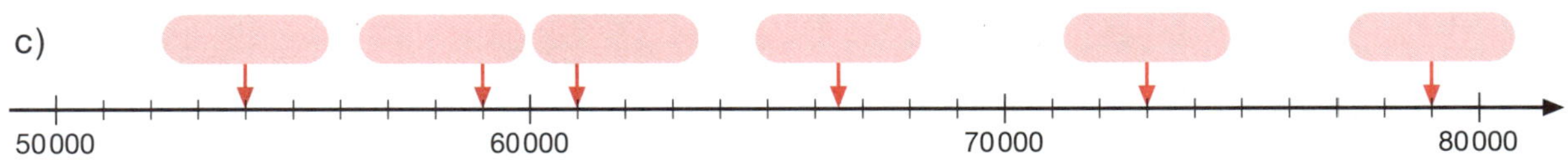

2 Kennzeichne folgende Zahlen.
14 200   13 100   13 900   13 450   12 500   14 850   12 100   14 550

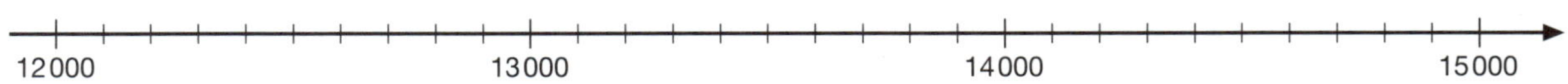

3 Vervollständige die Markierung und kennzeichne folgende Zahlen.
930   830   1100   1050   1080   990   890   840

4 Vervollständige die Markierung und kennzeichne folgende Zahlen.
73 000   92 000   85 000   88 500   81 000   78 000   99 000   95 500

5 Zeichne einen Zahlenstrahl bis 1200 (1 cm ≙ 100). Kennzeichne folgende Zahlen.
600   800   400   550   1000   200   1150   900

6 Zeichne einen Zahlenstrahl bis 1500 (1 cm ≙ 1000). Kennzeichne folgende Zahlen.
8000   11 000   1000   3500   6500   14 000   9500   5000

7 Zeichne einen Abschnitt eines geeigneten Zahlenstrahls. Kennzeichne folgende Zahlen.
a) 210 250 280 320 350 360 240 395
b) 1300 1600 1550 1480 1400 1360 1310

8 Zeichne die Skala der Personenwaage als Zahlenstrahl.
Trage folgende Gewichtsangaben ein.
60 kg 90 kg 25 kg 110 kg
125 kg 40 kg 140 kg 75 kg

Zahlen vergleichen und ordnen

1 Bestimme die benachbarten Zahlen.

a) Einerzahlen	b) Hunderterzahlen	c) Tausenderzahlen
1255 1256 1257	______ 7499 ______	______ 13 017 ______
______ 13 418 ______	______ 3037 ______	______ 19 406 ______
______ 20 801 ______	______ 88 145 ______	______ 26 001 ______

2 a) Wie viele Zehnerzahlen liegen zwischen 3871 und 3956? Notiere sie.

____

b) Wie viele Hunderterzahlen liegen zwischen 49 617 und 50 250? Notiere sie.

____

3 Kreise die größte Zahl mit Grün, die kleinste mit Orange ein.

4 Setze > oder < ein.

a)			b)			c)		
641	☐	713	10 418	☐	14 018	3 · 5	☐	6 + 8
1542	☐	1560	47 823	☐	47 023	11 − 5	☐	2 · 9
1008	☐	1108	23 000	☐	22 999	18 : 3	☐	15
12 317	☐	12 617	123 456	☐	123 765	17 + 4	☐	17 − 4

5 Ordne nach der Größe. Verwende < oder >.

a) 79, 87, 36, 45, 11, 13, 78 ______________________

b) 245, 811, 425, 118, 801, 205 ______________________

c) 1235, 1345, 1234, 11 234, 21 234 ______________________

d) 8808, 80 888, 80 008, 88 800, 8888 ______________________

6 Gib fünf weitere Zahlen der Zahlenfolge an. Notiere auch die Rechenvorschrift.

49, 62, 75, 88, 101, 114, 127, 140 +13

a) 114, 125, 136, ______________________ ______

b) 116, 101, 86, ______________________ ______

c) 96, 100, 99, 103, 102, ______________ zuerst ______, dann ______

d) 4, 8, 6, 12, 10, ______________ zuerst ______, dann ______

Stellenwerttafel – große Zahlen

1 a) Trage die Zahlen in die Stellenwerttafel ein und lies sie.
67 810, 507 489, 20 001,
3 500 701, 102 456 003, 400 003,
700 000 067, 89 000 505.

b) Schreibe die ersten fünf Zahlen wie im Beispiel:

120 700 017 =
1 · 100 000 000 + 2 · 10 000 000
+ 7 · 100 000 + 1 · 10 + 7 · 1

Millionen			Tausender					
HM	ZM	M	HT	ZT	T	H	Z	E

2 Schreibe wie im Beispiel.

440 000 268 = 4 HM 4 ZM 2 H 6 Z 8 E

a) 5 070 613 = ______

b) 120 817 = ______

c) 86 000 343 = ______

d) 100 128 003 = ______

3 Schreibe in Ziffern. 8 M 7 ZT 3H = 8 070 300

a) 6 M 1 HT 2 H 1 E = ______

b) 4 HM 4 HT 4 T = ______

c) 6 ZM 7 M 3 H 2 Z = ______

d) 8 HM 5 ZT 3 Z = ______

4 Schreibe in Ziffern.

a) sechsunddreißig Millionen zweihundertdreizehntausendneunhundert

______

b) eine Million achtzehntausendsiebenhundertneunundzwanzig

______

c) einhundertdrei Millionen fünfhunderttausend

______

5

Entfernungen der Planeten von der Sonne:

Erde 149 Mio km	Mars 228 Mio km
Venus 108 Mio km	Merkur 48 Mio km
Saturn 1428 Mio km	Jupiter 778 Mio km

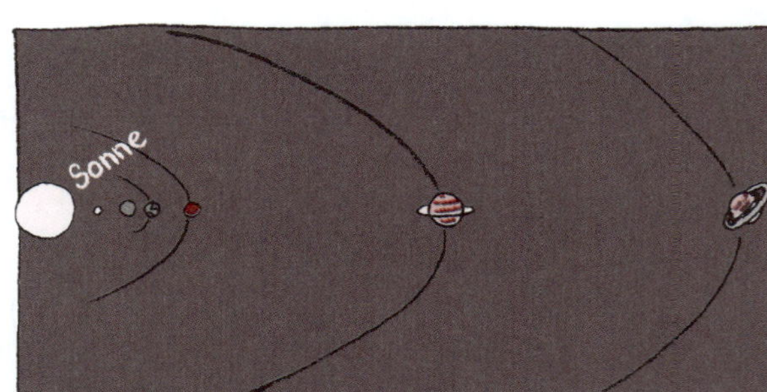

a) Schreibe die Planetennamen in die Skizze.

b) Schreibe die Entfernungen in Ziffern.

______

______

Stellenwerttafel – große Zahlen

1

	Billionen			Milliarden			Millionen			Tausender					
	HB	ZB	B	HMrd	ZMrd	Mrd	HM	ZM	M	HT	ZT	T	H	Z	E

a) Trage die Zahlen in die Stellenwerttafel ein und lies sie.
3 200 450 000, 3 807 713, 450 813 271, 6 000 000 312 600

b) Schreibe die Zahlen wie im Beispiel.

75 000 000 800 010 = 7 · 10 000 000 000 000 + 5 · 1 000 000 000 000 + 8 · 100 000 + 1 · 10

2 Mit wie vielen Nullen schreibt man die folgenden Zahlen?

1M	1 Mrd	1 B	10 T	10 M	10 Mrd
6 Nullen	______	______	______	______	______

3 Schreibe in Ziffern.

a) achtzehn Billionen dreiundvierzig Millionen achthundertelftausendneunund dreißig

____

b) siebenundvierzig Billionen drei Milliarden zweihundertelf

____

c) fünfhundertdrei Milliarden zwölf Millionen sechsundvierzigtausend

____

4 Schreibe in Ziffern. 8 ZMrd 1 Mrd 7 M 1 ZT 7 T = 81 007 017 000

a) 8 B 6 Mrd 6 M 7 H = ______________________

b) 4 ZB 4 Mrd 5 M = ______________________

c) 3 HMrd 3 Mrd 5 ZT = ______________________

5 Kreuze die richtige Zahl an.

a) zwölf Milliarden sechshundertzwanzigtausend

☐ 12 000 620 000 ☐ 12 620 000 ☐ 12 000 000 620

b) siebzehn Millionen zweihundertviertausendachtunddreißig

☐ 17 204 038 ☐ 117 000 204 038 ☐ 17 000 204 038

6 Ordne nach der Größe. Setze <.

a) 89 000 000, 890 000 000, 8 900 000 000, 890 000 000 000

____

b) 23 Millionen, 5 Milliarden, 500 Millionen, 1 Billion

____

Zahlen runden

47 **4**18 ≈ 47 000
47 **5**23 ≈ 48 000
Diese Stelle gibt an, wie gerundet wird.
Auf diese Stelle soll gerundet werden.

1 Runde die Zahlen

a) auf Zehner,

1216 ≈ ______
2618 ≈ ______
301 ≈ ______
1 231 511 ≈ ______
23 450 009 ≈ ______

b) auf Tausender.

7449 ≈ ______
8803 ≈ ______
113 716 ≈ ______
59 983 ≈ ______
37 845 003 ≈ ______

2 Runde die Zahlen

	6 336 817	2 017 891	834 900 261	990 909
auf Hunderter				
auf Zehntausender				
auf Millionen				

3 Runde die Zahlen auf Hunderter und verbinde mit der Lösung.

12 346	12 815	12 492	12 617	12 398	12 436
12 800	12 300	12 400	12 400	12 600	12 500

4 Wie heißt die kleinste und die größte Zahl, die die gerundete Zahl ergeben kann?

a) auf Hunderter gerundet: ______ < 27 800 < ______
b) auf Tausender gerundet: ______ < 165 000 < ______
c) auf Zehntausender gerundet: ______ < 2 410 000 < ______

5 Runde auf ganze Euro.

a) 5,31 € ≈ ______
16,64 € ≈ ______
28,85 € ≈ ______

b) 17,95 € ≈ ______
100,81 € ≈ ______
201,10 € ≈ ______

c) 46,99 € ≈ ______
99,87 € ≈ ______
46,25 € ≈ ______

6 Wie könnte die Zahl, die gerundet wurde, heißen?

a) 16 __ __ 45 abgerundet auf 163 000
b) 15 __ __ 83 aufgerundet auf 152 000

Schaubilder deuten und erstellen

1 a) Lies aus dem Schaubild die gerundeten Fahrstrecken folgender Züge ab.

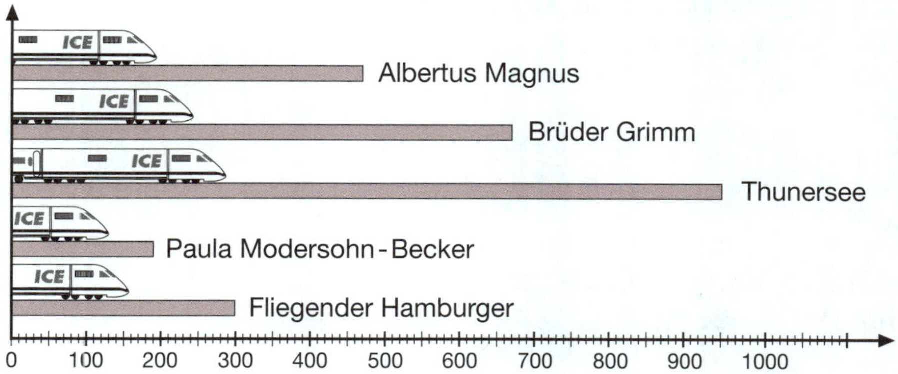

470 km

b) Wie heißt die längste bzw. kürzeste Strecke, die die gerundete Zahl ergeben kann?

ICE Albertus Magnus 474 km, 465 km

ICE Brüder Grimm ____________ ICE Thunersee ____________

ICE Paula Modersohn-Becker ____________ ICE Fliegender Hamburger ____________

2 Zeichne die Fahrstrecken, die folgende Züge zurücklegen. Runde auf Zehner.

ICE Hans Holbein	726 km	ICE Karl Jaspars	221 km
ICE Marieluise Fleißer	971 km	ICE Gerhard Mercator	464 km

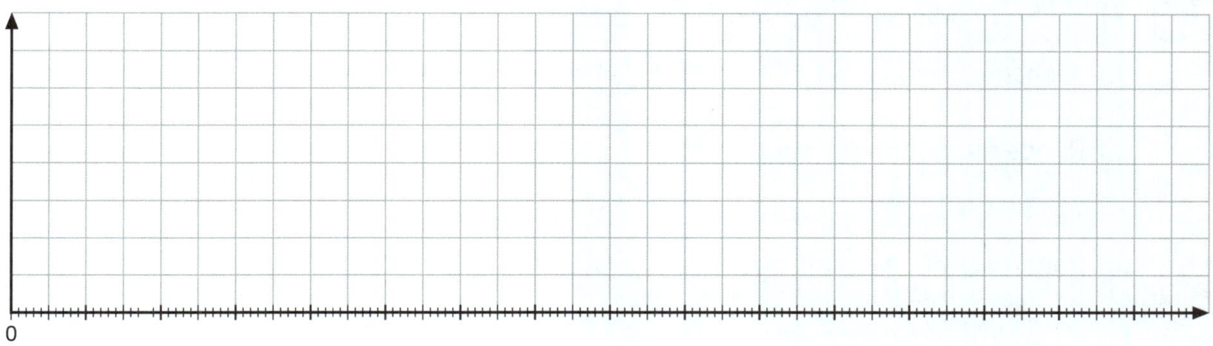

3 Die Tabelle zeigt den Fahrzeugbestand des Eisenbahnverkehrs. Runde und zeichne ein, falls möglich.

Fahrzeuge	Anzahl	gerundet
Elektr. Lokomotiven	3770	≈ 3800
Diesellokomotiven	5314	≈
Elektr. Triebwagen	3052	≈
Dieseltriebwagen	1221	≈
Steuer- u. Beiwagen	2236	≈
Gepäckwagen	559	≈
Reisezugwagen	14 137	≈
Güterwagen	150 649	≈

(aus „Statistisches Jahrbuch“, 1999, S. 301)

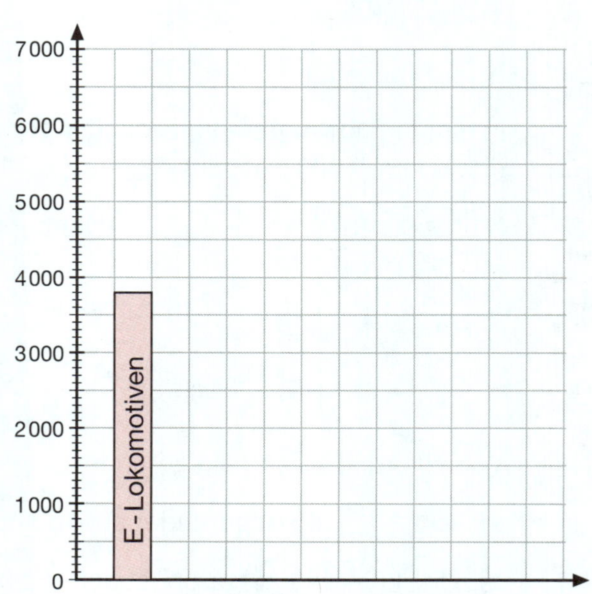

MACH DICH FIT!

1 Zeichne einen Ausschnitt eines geeigneten Zahlenstrahls.
Kennzeichne folgende Zahlen: 6500, 6200, 6450, 7000, 6650, 6800, 7100.

2 Ordne nach der Größe. Verwende das Zeichen <.
358 721   367 812   35 821   367 921

3 Schreibe in Ziffern.

a) 5 ZM 8 HT 7 T 1 E = ____

b) 4 Mrd 4 ZM 4 T = ____

c) 6 ZMrd 2 M 5 ZT 6 Z = ____

d) 3 B 4 Mrd 8 M 7 H = ____

4 Schreibe in Ziffern.

a) sechzehn Millionen sechzehn: ____

b) sechshundertvierunddreißig Milliarden sieben Millionen: ____

5 a) Runde auf Zehntausender.

231 801 ≈ ____   206 564 ≈ ____   2 347 021 ≈ ____

b) Runde auf hundert Millionen.

549 329 999 ≈ ____   45 199 455 610 ≈ ____

6 Welche Zahl musst du zu 537 817 000 addieren, um eine Billion zu erhalten?

7 In einem Zoo wurden die Besucher gezählt. Runde auf Hunderter. Zeichne ein Streckendiagramm (1000 Besucher $\triangleq$ 1 cm).

Dienstag: 4578 ≈ ____   Donnerstag: 6890 ≈ ____   Sonntag: 10 765 ≈ ____

Addieren und Subtrahieren

1

a) 43 + 18 = ______
76 + 49 = ______
34 + 37 = ______

b) 56 + 78 = ______
63 + 59 = ______
40 + 23 = ______

c) 123 + 46 = ______
117 + 46 = ______
241 + 57 = ______

2

a) 56 – 22 = ______
86 – 33 = ______
89 – 45 = ______

b) 73 – 49 = ______
81 – 37 = ______
94 – 55 = ______

c) 128 - 66 = ______
240 – 23 = ______
320 – 77 = ______

3 Additionstürme

a)

41	14	86

b)

238	107	90

c)

	366	
	190	
	139	

4

a)

–	14	23	34	45
46				
97				

b)

–	123	441	78	366
543				
476				

5 Rechenschlangen

a) c) b)

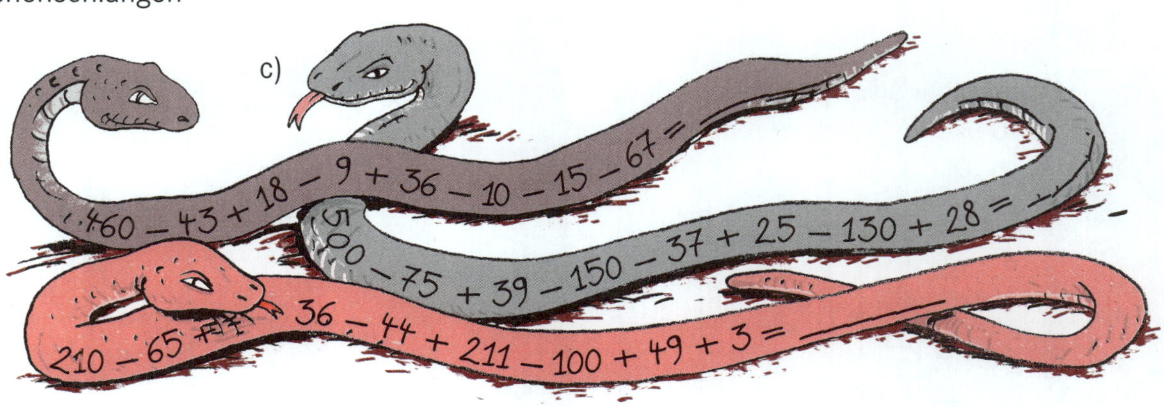

6 Zauberquadrate

a)

9		
2		
		3

Summe: 18

b)

	24	
	16	26

Summe: 60

c)

4		8
	7	
		10

Summe:

7 Setze + oder – ein.

a) 67 ☐ 48 ☐ 12 = 7
46 ☐ 23 ☐ 19 = 42
90 ☐ 60 ☐ 65 ☐ 15 = 110

b) 121 ☐ 29 ☐ 8 = 100
88 ☐ 132 ☐ 100 ☐ 12 = 308
640 ☐ 500 ☐ 125 ☐ 65 = 200

plus	3 + 6	minus	15 − 8
Summe	addieren	Differenz	subtrahieren

1

a) Addiere die Zahlen 456, 89 und 37. ______

b) Wie heißt die Summe der Zahlen 249 und 451? ______

c) Subtrahiere von der Zahl 567 die Zahl 305. ______

d) Wie heißt die Differenz der Zahlen 1023 und 918? ______

e) Berechne die Summe der Zahlen 2312 und 998. ______

2

Schreibe was zusammengehört in Klammern und berechne.

Subtrahiere von der Summe der Zahlen 34 und 18 die Zahl 6.
(34 + 18) – 6 = 52 – 6 = 46

a) Subtrahiere von der Summe der Zahlen 345 und 126 die Zahl 212.

______

b) Addiere zur Differenz der Zahlen 412 und 126 die Zahl 304.

______

c) Addiere die Differenz der Zahlen 603 und 578 zur Zahl 714.

______

d) Subtrahiere von der Summe der Zahlen 210 und 181 die Differenz der Zahlen 81 und 37.

______

e) Addiere zur Differenz der Zahlen 671 und 529 die Summe der Zahlen 21 und 809.

______

3

Berechne. Denke an die Klammerregel.

a) 65 – (45 – 12) = ______

124 + (89 – 78) = ______

301 – (245 + 19) = ______

b) (100 – 67) + 34 = ______

(417 – 19) – 136 = ______

(88 + 497) + 212 = ______

4

Setze die Klammern so, dass du vorteilhaft rechnen kannst.

36 + 47 + 23 = 36 + (47 + 23) = 36 + 70 = 106

a) 28 + 45 +55 = ______

31 + 69 + 43 = ______

115 + 85 + 11 = ______

b) 116 + 32 + 78 = ______

64 + 16 + 29 = ______

320 + 480 + 56 = ______

5

a) (14 + ______) + 35 = 75

24 + (______ – 20) = 25

b) (45 – 17) – ______ = 20

______ – (18 + 38) = 4

c) 27 + (37 – ______) = 54

(53 – ______) – 17 = 21

Schriftliches Addieren und Subtrahieren

1
a) 463 + 125
b) 342 + 622
c) 780 + 589
d) 56834 + 4367
e) 67900 + 456

2
a) 7800 + 479 + 103
b) 800612 + 1045 + 8520
c) 146781 + 67008 + 13513
d) 328951 + 4509 + 55

3 Schreibe untereinander und addiere schriftlich.
a) 846 + 312 + 914 + 636
b) 1350 + 815 + 12 451 + 6003
c) 8006 + 23 + 78 + 23 901 + 50 041
d) 34 670 + 789 + 405 + 6 + 21

4
a)

+	8346	512	3001
317			
471			

b)

+	386	6711	56
7403			
910			

5
a) 699 − 513
b) 478 − 252
c) 3681 − 928
d) 7003 − 987
e) 12009 − 763

6
a) 12831 − 5718
b) 96784 − 5751
c) 90810 − 43091
d) 560701 − 1821

7 Schreibe untereinander und subtrahiere schriftlich.
a) 6817 − 5413
b) 3010 − 406
c) 81 507 − 5794
d) 760 338 − 60 339

8
a)

−	4312	1001	346
6317			
5812			

b)

−	1406	2684	324
7056			
23 684			

9 Ergänze fehlende Ziffern.
a) 4313 + □3□5 = 7□3□
b) 89□7 + 1□16 = □□12□
c) 13□□6 − □□21□ = 1932
d) 420□34 − 2910□□ = □□□852

Schriftliches Addieren und Subtrahieren

1

a)	b)	c)	d)
1 4 3 3 1 7	6 0 5 9 3	5 6 7 8	1 7 3 3 0 0 0
+ 2 6 8 1 0	+ 9 4 1 5	- 4 6 7 3	- 1 5 5 9 0 3

2 Addiere und subtrahiere die beiden Zahlen.

a) 4517
471

b) 220 008
10 103

c) 77 001
7 001

d) 68 390
3 091

3 Setze <, > oder =

a) 3218 - 819 ☐ 112 + 3219
38 + 320 + 6003 ☐ 7310 - 412
6677 + 5623 ☐ 6200 + 6100

b) 625 + 216 ☐ 456 843 - 456 002
9814 - 3021 ☐ 4715 - 3212
7300 + 4217 ☐ 461 + 3881 + 8742

4 Berechne den Wert der Summen.

3182 + 45 = 3227

a)

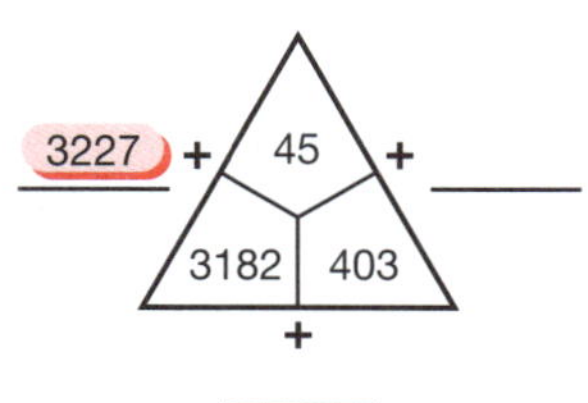

b)

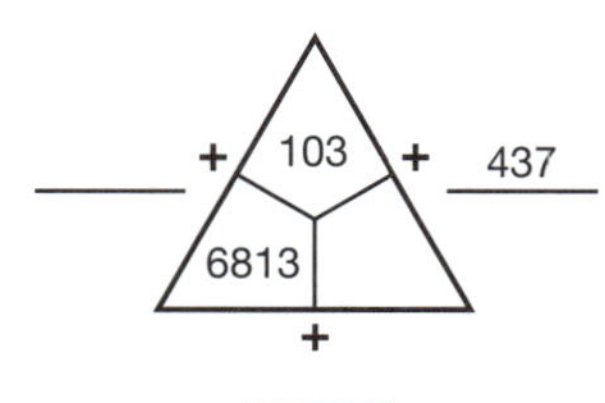

5 Beginne im Feld START mit der Startzahl. Berechne auf verschiedenen Wegen die Zielzahlen. Wie heißt die größte (kleinste) Zielzahl?

Startzahl: 10 000; Weg: START → A → E → G → ZIEL
Rechnung: 10 000 + 468 + 209 + 795 - 357 = 11 115

Startzahlen:	größte Zielzahl	kleinste Zielzahl
a) 10 000	________	________
b) 6666	________	________
c) 7777	________	________

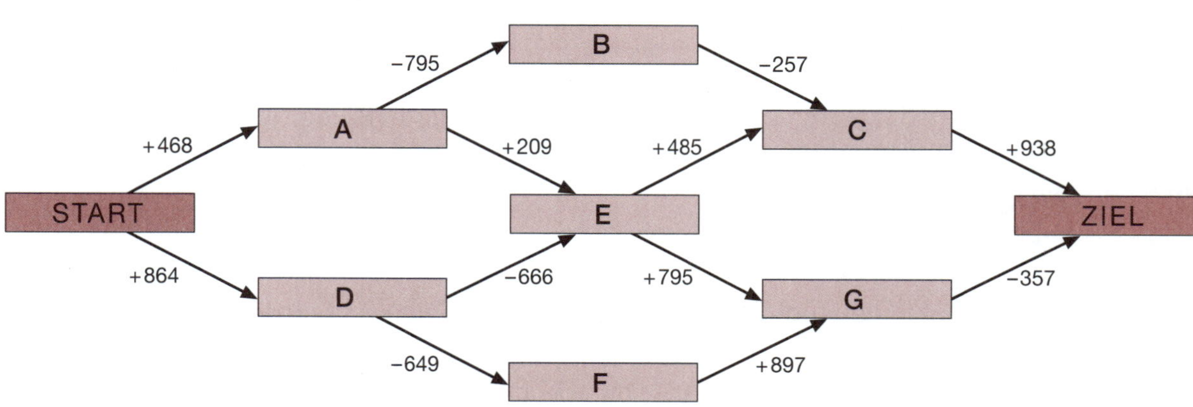

Sachaufgaben zum Addieren und Subtrahieren

1 Beim Inlineskater-Festival wurden 2989 Sitzplätze und 3067 Stehplätze verkauft. Die Skateranlage fasst insgesamt 9800 Zuschauer. Wie viele Plätze waren noch frei?

Rechnung:

1. Schritt: verkaufte Plätze Überschlag: 3000 + 3000 = 6000

2989 + 3067 = ______________

2. Schritt: freie Plätze Überschlag: 10 000 – 6000 = 4000

9800 – ______________ = ______________

Antwort: Es waren noch ____________________________ frei.

2 Beim Streetballturnier rechnen die Veranstalter mit 7500 Besuchern. Die Tribünensitzplätze sind mit 1350 Plätzen völlig ausverkauft. Weiter wurden noch 4571 Stehplätze verkauft. Wie viele Plätze waren noch frei?

Rechnung:

Antwort: ____

3 Atifete, Thomas, Stefan und Melanie wollen wissen, wer in den Ferien am meisten Rad gefahren ist. Sie haben den Kilometerstand zu Beginn der Ferien und am Ende aufgeschrieben. Wie viel ist jeder gefahren? Vergleiche.

4 Bei einem Computerspiel erzielt Susanne 23 987 Punkte und ihr Bruder Armin 6089 Punkte. Susannes Freundin Galina schafft 9314 Punkte und deren Bruder Altan 21 670 Punkte.

a) Mit wie vielen Punkten Abstand zu jedem der drei anderen Mitspieler hat Susanne gewonnen?

b) Welches Geschwisterpaar ist Sieger?

5 Eine Schule hat in den fünften Klassen 22, 23, 21, 24 und 23 Schüler. Vor der Wahl der Arbeitsgemeinschaften soll jeder Schüler ein Informationsblatt erhalten. Wie viele Blätter müssen gedruckt werden, wenn zusätzlich 17 Exemplare als Reserve dienen?

MACH DICH FIT!

1 Setze > oder <.

a) 630 – 520 ☐ 902 – 370　　b) 3128 – 2114 ☐ 378 + 1024

c) 421 + 567 ☐ 67 + 896　　d) 32 + 141 + 256 ☐ 500 – 80

2 a) Addiere zur Summe der Zahlen 1306 und 423 die Zahl 39.

____

b) Subtrahiere von der Summe der Zahlen 367 und 513 die Zahl 216.

____

c) Addiere zur Differenz der Zahlen 3003 und 2470 die Summe der Zahlen 802 und 1406.

____

3 Berechne. Denke an die Klammerregel.

a) 75 – (34 – 23) = ________　　b) (400 – 87) + 67 = ________

c) 400 – (123 + 29) = ________　　d) (736 – 117) – 238 = ________

4

a)	b)	c)	d)
575	70413	3086	28006
+ 183	3045	907	10053
	+ 2631	+ 1230	980
			+ 784

5

a)	b)	c)	d)
573	5809	90800	24091
– 122	– 193	– 45037	– 1869

6 a) 450 + ______ = 978　　b) 392 + ______ = 1003

7605 – ______ = 332　　12 678 – ______ = 3078

56 + ______ + 30 = 156　　810 – ______ = 560 + 23

7 Beim Popkonzert wurden 12 431 Stehplätze und 8617 Sitzplatzkarten verkauft. Die Konzertarena fasst insgesamt 23 000 Zuhörer. Wie viele Plätze bleiben frei?

Rechnung:

Antwort: ______________________________

Multiplizieren und Dividieren

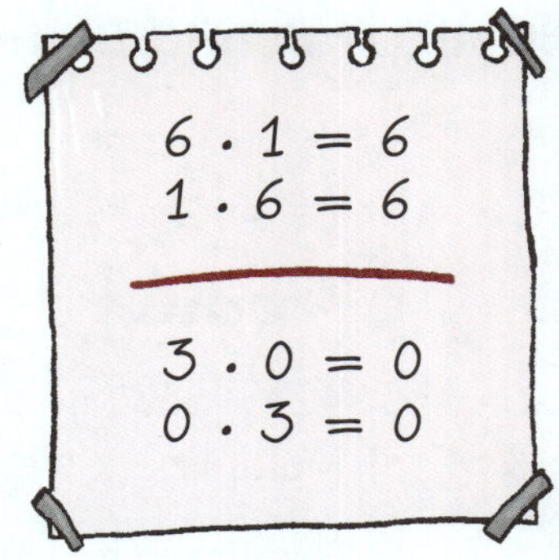

1 a) 6 · 8 = ______ b) 3 · 9 = ______ c) 4 · 2 = ______

3 · 7 = ______ 4 · 1 = ______ 0 · 2 = ______

5 · 2 = ______ 8 · 8 = ______ 6 · 7 = ______

6 · 4 = ______ 9 · 0 = ______ 1 · 6 = ______

2 Verbinde mit Pfeilen.

a)

3 · 8	36
4 · 9	24
8 · 5	40

b)

6 · 2	12
3 · 9	16
8 · 2	27

c)

7 · 5	3
5 · 0	0
1 · 3	35

d)

7 · 9	5
1 · 5	56
7 · 8	63

3 Notiere Multiplikationsaufgaben zur vorgegebenen Ergebniszahl.

12 = 3 · 4 = 4 · 3 = 2 · 6 = 6 · 2 = 12 · 1 = 1 · 12

a) 8 = ______ b) 48 = ______

c) 36 = ______ d) 18 = ______

4 Zu welcher Einmaleinsreihe gehören folgende Zahlen?

a) 12, 15, 18 ______ b) 30, 35, 40 ______ c) 27, 36, 45 ______

d) 32, 40 48 ______ e) 20, 24, 28 ______ f) 14, 21, 28 ______

5 Rechne vorteilhaft.

a) 6 · 20 = ______ b) 60 · 9 = ______ c) 300 · 4 = ______ d) 8 · 5000 = ______

40 · 3 = ______ 30 · 3 = ______ 5 · 500 = ______ 4 · 6000 = ______

5 · 70 = ______ 2 · 80 = ______ 700 · 0 = ______ 9000 · 1 = ______

6 a) 45 : 9 = ______ b) 24 : 8 = ______ c) 54 : 9 = ______

35 : 7 = ______ 42 : 6 = ______ 0 : 4 = ______

81 : 9 = ______ 67 : 1 = ______ 56 : 8 = ______

63 : 7 = ______ 5 : 5 = ______ 32 : 4 = ______

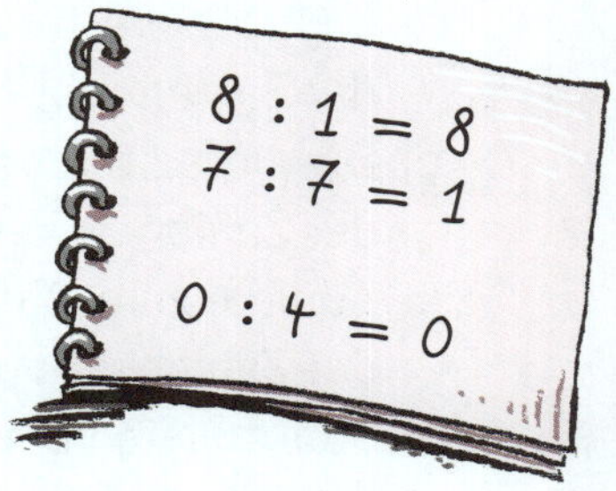

7 a) 120 : 3 = ______ b) 280 : 70 = ______ c) 450 : 90 = ______ d) 3600 : 600 = ______

240 : 6 = ______ 160 : 20 = ______ 310 : 10 = ______ 5400 : 600 = ______

8 Berechne die fehlende Werte.

a)

·	7			
8		16	48	
	28			32
3				

b)

·	3				5
9			81	18	
	18	24			
4					

$4 \cdot 9$	
Produkt	multiplizieren

$35 : 7$	
Quotient	dividieren

1 a) Multipliziere die Zahlen 11 und 9. ______

b) Bestimme den Quotienten aus 49 und 7. ______

c) Dividiere 32 durch 8. ______

d) Berechne das Produkt aus 15 und 3. ______

2 Beachte die Klammerregel.

a) $(5 + 34) \cdot 2 =$ ______ b) $(56 - 7) : 7 =$ ______ c) $50 : (29 - 24) =$ ______

$(23 - 12) \cdot 6 =$ ______ $(45 + 27) : 9 =$ ______ $42 : (26 - 23) =$ ______

$5 \cdot (45 - 5) =$ ______ $(324 - 294) : 6 =$ ______ $54 : (53 - 47) =$ ______

3 a) $8 + 5 \cdot 9 =$ ______ b) $6 \cdot 7 - 34 =$ ______

$27 - 3 \cdot 4 =$ ______ $9 \cdot 8 + 18 =$ ______

$80 - 5 \cdot 8 =$ ______ $6 \cdot 3 + 37 =$ ______

$56 - 32 : 4 =$ ______ $63 + 44 : 11 =$ ______

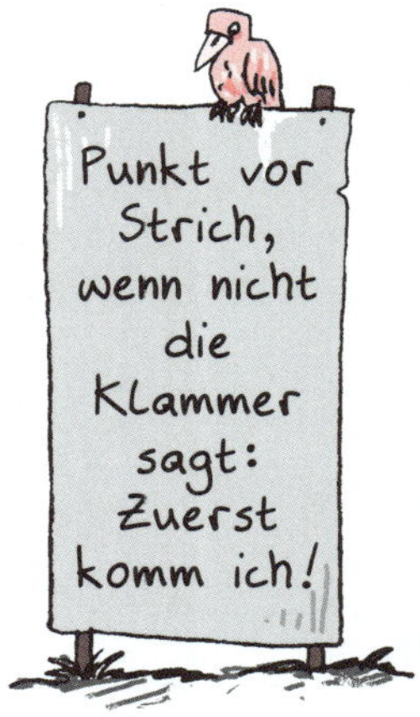

4 a) $78 - 21 : 7 + 17 =$ ______ b) $40 - 88 : 11 + (14 - 5) =$ ______

$67 + 2 \cdot (5 \cdot 9) - 6 =$ ______ $32 : 4 + 6 \cdot 9 - (37 - 18) =$ ______

$66 - 49 : 7 + 5 \cdot 3 =$ ______ $3 \cdot 4 + (25 - 9) - 32 : 2 =$ ______

5 Schreibe einen Rechenausdruck mit Klammern und berechne ihn.

a) Multipliziere die Differenz der Zahlen 45 und 23 mit 3. ______

b) Dividiere 50 durch die Differenz der Zahlen 34 und 29. ______

c) Addiere zum Quotient der Zahlen 42 und 6 die Zahl 17. ______

d) Subtrahiere vom Produkt der Zahlen 5 und 8 die Zahl 19. ______

6 Welcher Text gehört zu welchem Rechenausdruck? Berechne den Wert.

Addiere zu 35 den Quotienten aus 30 und 5 und subtrahiere 15.	Multipliziere die Summe der Zahlen 35 und 15 mit 5.	Dividiere die Summe der Zahlen 35 und 15 durch die Differenz der Zahlen 15 und 5.

$(35 + 15) : (15 - 5) =$ ______	$(35 + 15) \cdot 5 =$ ______	$35 + 30 : 5 - 15 =$ ______

Schriftliches Multiplizieren

1 Schreibe wie im Beispiel genau untereinander.

6 1 7 · 8
4 9 3 6

a) 4 7 5 · 5   b) 3 6 2 · 3   c) 6 0 5 3 · 5

2 Denke an die Nullen!

3 4 5 · 3 0
1 0 3 5 0

a) 8 4 1 · 5 0   b) 6 8 9 · 6 0   c) 2 8 6 · 8 0 0

3

a)

·	4	6	2	8
16				
54				

b)

·	30	10	60
109			
245			

4

4 8 7 · 4 6
1 9 4 8
2 9 2 2
1 1 1
2 2 4 0 2

a) 3 4 2 · 4 5   b) 5 6 7 3 · 1 9   c) 7 0 1 · 6 7

5 Kreuze die richtige Lösung an.

a) 45 · 123

	5535
	5255

b) 1002 · 102

	102 204
	120 204

c) 308 · 27

	8315
	8316

d) 511 · 98

	50 078
	60 078

6 HEFT

a) 18 · 35
458 · 135
81 · 90

b) 34 · 601
47 898 · 345
50 · 567

c) 451 · 50
3007 · 56
9135 · 67

d) 788 · 211
45 897 · 1004
23 004 · 36

7 HEFT Je zwei Aufgaben haben das gleiche Ergebnis.

a) 311 · 24   b) 23 145 · 9   c) 42 · 200   d) 203 · 120
e) 13 887 · 15   f) 70 · 120   g) 933 · 8   h) 1015 · 24

8 Ergänze fehlende Ziffern in den grauen Feldern.

a) 2 3 · 4 ▢
▢ ▢
\+ 2 3
▢ ▢ ▢

b) ▢ 6 4 · 1 7
1 ▢ ▢
\+ ▢ ▢ ▢ ▢
▢ ▢ ▢ ▢

c) 3 0 · ▢ 0
6 ▢ ▢

d) 8 ▢ 3 · 3 2
2 5 8 ▢
\+ ▢ ▢ ▢ ▢
▢ ▢ ▢ ▢ ▢

Schriftliches Dividieren

1 Schreibe wie im Beispiel genau untereinander.

1 6 0 4 : 4 = 4 0 1
1 6 ↓ ↓
0 0 4
4
0

a) 4 2 3 5 : 7 =

b) 1 5 0 6 : 3 =

2 Dividiere. Mache die Probe.

a) 2338 : 7
738 : 6

b) 872 : 8
790 : 5

c) 39 255 : 5
45 008 : 2

d) 2088 : 4
37 197 : 9

3 a)

:	5	9	3
1350			

b)

:	10	60	20
2700			

4 Dividiere durch zweistellige Zahlen.

1 4 0 7 2 0 : 1 6 = 8 7 9 5
1 2 8 ↓
1 2 7
1 1 2 ↓
1 5 2
1 4 4 ↓
8 0
8 0
0 0

Probe:
8 7 9 5 · 1 6
8 7 9 5
+ 5 2 7 7 0
1 1 1
1 4 0 7 2 0

a) 1 0 9 3 8 2 : 1 4 =

b) 7 7 1 5 9 : 1 9 =

c) 1 0 3 3 0 0 : 2 5 =

5
a) 8891 : 17
32 984 : 14

b) 94 521 : 21
22 044 : 22

c) 67 332 : 12
1260 : 28

d) 237 553 : 31
14 070 : 35

6 Rechne vorteilhaft.

a) 3040 : 20
2940 : 30

b) 16 520 : 40
10 920 : 70

c) 660 800 : 400
307 800 : 300

d) 429 600 : 600
1 160 000 : 800

7 Notiere das Ergebnis.

429 : 13 ______

4329 : 13 ______

43 329 : 13 ______

433 329 : 13 ______

Sachaufgaben zum Multiplizieren und Dividieren

1 Das Einkaufszentrum wird mit Schokoriegeln beliefert. Auf einer Palette befinden sich 32 Kartons mit je 18 Schachteln. In einer Schachtel sind 12 Riegel verpackt.
Wie viele Schokoriegel enthält die Lieferung?

Rechnung:

1. Schritt: Inhalt der Kartons   Überschlag: $20 \cdot 10 = 200$

$18 \cdot 12 =$ ______

2. Schritt: Palettenladung   Überschlag: $200 \cdot 30 = 6000$

______ $\cdot 32 =$ ______

Antwort: Die Lieferung enthält ______ Schokoriegel.

2 Das Bild auf einem Computermonitor besteht aus 768 Zeilen mit je 1024 Bildpunkten.
Aus wie vielen Bildpunkten besteht das Computerbild?

Rechnung:

Antwort: ______

______

3 In einer Schreibwarenfabrik werden 100 000 Farbstifte in Schachteln mit je 20 Stiften verpackt. Wie viele Schachteln müssen bereitgestellt werden?

Rechnung: 100 000 : 20 = ______

Antwort: Es werden ______ Schachteln benötigt.

4 Aus einer Automobilfabrik werden 2240 Neuwagen zur Bahnverladung abgefahren. Auf jeden Waggon können 14 Autos geladen werden. Wie viele Waggons benötigt die Automobilfabrik?

Rechnung:

Antwort: ______

______

5 Eine Million Nägel werden in Päckchen zu je 50 Stück verpackt. Zum Versenden werden 80 Päckchen in einem Karton verstaut. Wie viele Kartons werden benötigt?

MACH DICH FIT!

1 Ordne durch farbiges Einkreisen, sodass sich Einmaleinsaufgaben ergeben.

3 1 4 5 2 0 (7)	·	(4) 8 9 6 3 7 5	=	(28) 14 24 30 5 0 36

2 a) 49 : 7 = ______ b) 42 : 6 = ______ c) 320 : 80 = ______ d) 6400 : 800 = ______

18 : 2 = ______ 36 : 1 = ______ 410 : 10 = ______ 800 : 800 = ______

3 a) Dividiere das Produkt der Zahlen 30 und 15 durch die Zahl 9.

____

b) Addiere zum Quotient der Zahlen 150 und 25 das Produkt der Zahlen 41 und 14.

____

4 a) $85 - 28 : 4 + 17 =$ ______________________

b) $5 \cdot 3 + (34 - 8) - 12 : 6 =$ ______________________

5 a) $768 \cdot 27$ b) $507 \cdot 65$ c) $34 \cdot 70$ d) $29 \cdot 48$

6 a) $8694 : 18 =$ b) $206592 : 24 =$

7 In einer Fabrik werden 19 500 Sticker auf 6500 Cornflakes-Packungen verteilt. Wie viele Sticker sind in jeder Packung? Matthias besitzt schon 18 Sticker. Wie viele Packungen hat er schon gekauft?

Rechnung:

Antwort: ______________________

____

____

Vier Grundrechenarten

1 Löse das Kreuz-Zahl-Rätsel.

waagerecht
1) 19 · 19
4) 25 698 – 25 570
6) Quotient aus 43 825 und 5
7) durch 1000 teilbare Zahl
8) 256 904 + 174 537
11) 1445 – (399 + 9 · 8)
13) (154 + 146) – 11 · 6
16) 70 · 101 – 9 · 101
17) Einmaleinszahl von 4
18) 72 · 100 – 29
19) 3 · 37 + 12
21) 4140 : 230
22) durch 3 teilbare Zahl
23) Produkt aus 120 und 4097
26) 125 · 42
27) Produkt von 41 mit sich selbst
29) 43 689 – 43 029
30) 29 · (7 + 8)

senkrecht
1) 23 518 – 23 481
2) Produkt aus 22 und 302
3) Multipliziere die Summe der Zahlen 9 und 8 mit der Zahl 9.
4) 12 · 12
5) das Doppelte von 1006
9) kleinste 6-stellige Zahl mit gleichen Ziffern
10) Quotient aus 6 851 790 und 15
11) Dividiere 505 176 durch 56.
12) die Hälfte von 14 164
14) 3 · 1001 – 3
15) durch 1000 teilbare Zahl
20) 288 · 15 – 12 · 72
22) 10 · 1007 – 1007
24) 25 · 13 + (1043 – 78 · 6)
25) Diese Zahl kann man vorwärts und rückwärts lesen.
28) 5 · 17

Terme mit Platzhalter

1 Setze für die Platzhalter nacheinander die Zahlen 4, 8 und 16 ein und berechne.

a) $x + 9$

$4 + 9 = 13$

b) $3 \cdot a$

c) $400 : y$

d) $\square - 3$

e) $4 \cdot x + 10$

f) $20 \cdot y - 6$

2 Fülle die Tabelle aus.

x	$1 \cdot x$	$2 \cdot x$	$3 \cdot x + 5$	$100 : x - 3$
0				X
1				
2				
10				
25		$2 \cdot 25 = 50$		

3 Schreibe einen Rechenausdruck mit Platzhalter auf.

Das 9fache einer Zahl vermindert um 7. $9 \cdot x - 7$

a) Das 7fache einer Zahl vermindert um 10. ______

b) Das Doppelte einer Zahl vermehrt um 45. ______

c) Eine Zahl geteilt durch 3 vermehrt um 23. ______

4 Welche Zahl muss man einsetzen, damit beide Rechenausdrücke dasselbe Ergebnis haben?

$3 \cdot x$ und $x + 10$ $x = 5$

a) $2 \cdot x$ und $4 + x$ ______

b) $15 - x$ und $x : 2$ ______

c) $8 - x$ und $3 \cdot x$ ______

d) $5 \cdot y$ und $4 \cdot y + 4$ ______

5 Finde den Rechenausdruck und ergänze.

a)

x	$10 \cdot x$
2	20
7	70
10	
12	

b)

x	
1	40
2	20
4	10
5	

c)

x	$4 \cdot x +$ ___
2	10
3	14
5	
10	

Gleichungen lösen

1 Löse mit der Umkehraufgabe.

Umkehraufgabe

$x + 9 = 23$

$x \xrightarrow{+9} 23$, zurück: -9

$23 - 9 = 14$

$x = 14$

a) $x + 14 = 34$ b) $x + 21 = 78$ c) $x + 3 = 99$

d) $x + 19 = 45$ e) $x - 2 = 9$ f) $x - 5 = 23$ g) $x - 18 = 37$

2

$x \cdot 5 = 40$

$x \xrightarrow{\cdot 5} 40$, zurück: $: 5$

$40 : 5 = 8$

$x = 8$

a) $x \cdot 9 = 27$ b) $x \cdot 7 = 42$ c) $x \cdot 2 = 30$

d) $x \cdot 4 = 48$ e) $x : 7 = 3$ f) $x : 6 = 4$ g) $x : 9 = 9$

3 Schreibe das Zahlenrätsel als Gleichung und bestimme x.

Addiere zu einer Zahl 17. Du erhältst 35.

$x + 17 = 35$ $x = 18$

a) Multipliziere eine Zahl mit 5. Du erhältst 15.

____

b) Subtrahiere von einer Zahl 8. Du erhältst 22.

____

c) Das Produkt einer Zahl mit 3 ergibt 12.

____

Gleichungen lösen

1 Löse wie im Beispiel mit der Umkehraufgabe.

$x \cdot 4 + 6 = 18$

$x \xrightarrow{\cdot 4} \square \xrightarrow{+6} 18$

$3 \xleftarrow{:4} 12 \xleftarrow{-6} 18$

$x = 3$

a) $x \cdot 2 + 9 = 25$ b) $x \cdot 3 - 7 = 56$

c) $8 \cdot x + 10 = 90$ d) $x : 6 + 4 = 11$ e) $x : 5 - 4 = 1$

2 Schreibe das Zahlenrätsel als Gleichung und bestimme x.

Multipliziere eine Zahl mit 8 und addiere 16. Du erhältst 40.

$8 \cdot x + 16 = 40$ $x = 3$

a) Multipliziere eine Zahl mit 9 und addiere 8. Du erhältst 80.

____

b) Dividiere eine Zahl durch 3 und subtrahiere 14. Du erhältst 6.

____

c) Dividiere eine Zahl durch 4 und subtrahiere 6. Du erhältst 25.

____

3 HEFT

a) $54 + 2 \cdot x = 66$
$87 + 7 \cdot x = 108$

b) $x : 3 + 36 = 66$
$x : 5 - 6 = 14$

c) $x \cdot 4 + 56 + 7 = 95$
$x \cdot 5 - 13 - 8 = 19$

4 Bestimme das Alter mithilfe der Gleichung.

a)

b)

Mach dich fit!

1 Setze für die Platzhalter nacheinander die Zahlen 3, 9 und 10 ein und berechne den Wert des Rechenausdrucks.

a) $5 \cdot x$ b) $90 \cdot x$ d) $7 \cdot x - 9$

______ ______ ______

______ ______ ______

______ ______ ______

2 Fülle die Tabelle aus.

x	$6 \cdot x$	$8 \cdot x$	$3 \cdot x + 71$	$60 : x - 3$
1				
5				
12				

3 Löse die Gleichungen.

a) $x + 26 = 81$ b) $x - 27 = 54$ c) $6 \cdot x = 30$ d) $15 : x = 3$

e) $9 \cdot x + 17 = 62$ f) $6 \cdot x - 5 = 55$ g) $3 \cdot x + 9 = 18$

4 Was gehört zusammen? Verbinde und bestimme x.

$7 \cdot x + 61 = 110$ x = ______	Multipliziert man eine Zahl mit 7 und addiert 61, so erhält man 110.
$x \cdot 22 + 7 = 51$ x = ______	Dividiert man eine Zahl durch 7 und addiert 110, so erhält man 120.
$x : 7 + 110 = 120$ x = ______	Addiert man zum Produkt aus einer Zahl und 22 die Zahl 7, so erhält man 51.

Parallele und senkrechte Geraden

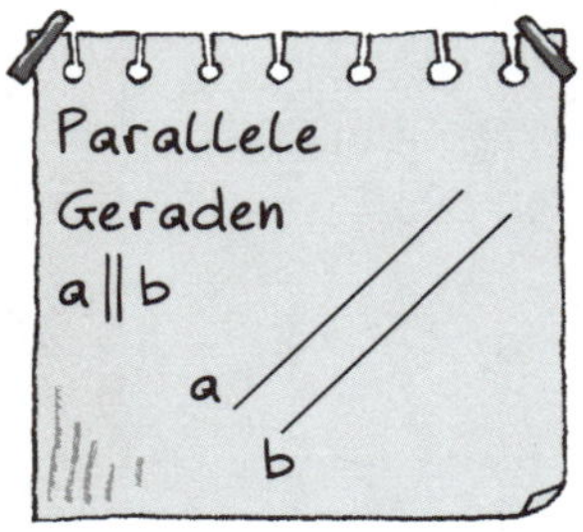

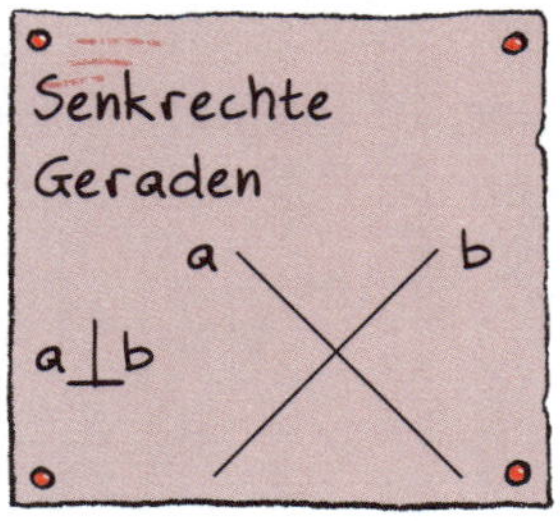

1 Welche Geraden sind zueinander parallel? Überprüfe mit dem Geodreieck.

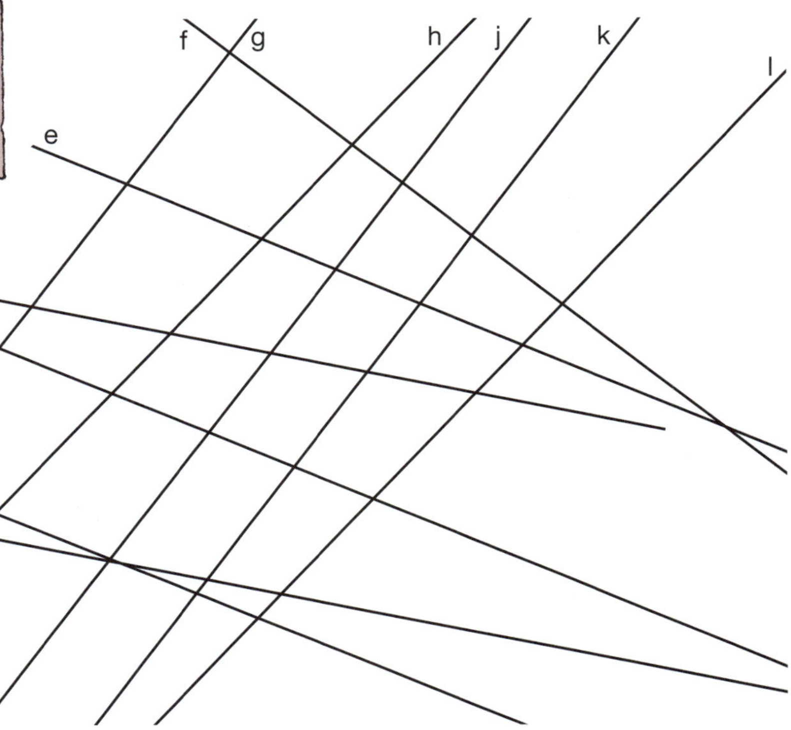

g ∥ k

___ ∥ ___

___ ∥ ___

___ ∥ ___

___ ∥ ___

___ ∥ ___

2 Stelle mit dem Geodreieck fest, welche Geraden zueinander senkrecht sind.

a ⊥ g

___ ⊥ ___

___ ⊥ ___

___ ⊥ ___

___ ⊥ ___

___ ⊥ ___

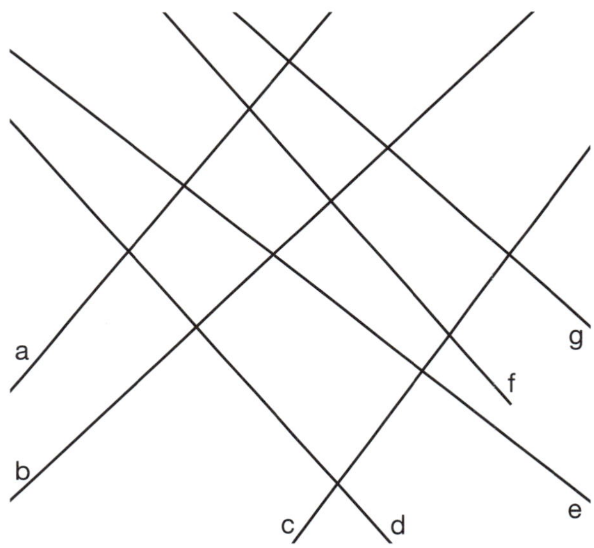

3

Parallele und senkrechte Geraden

1 a) Zeichne durch jeden Punkt die Parallele zur Geraden g. Welchen Abstand hat die Parallele von der Geraden?

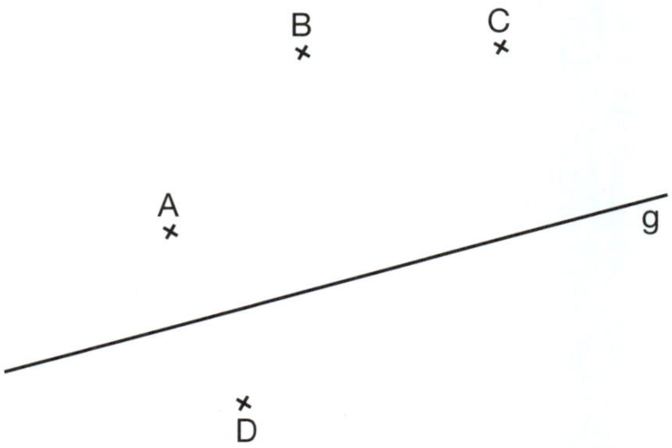

b) Zeichne durch jeden Punkt die Senkrechte zur Geraden h. Welchen Abstand haben die Punkte zur Geraden h?

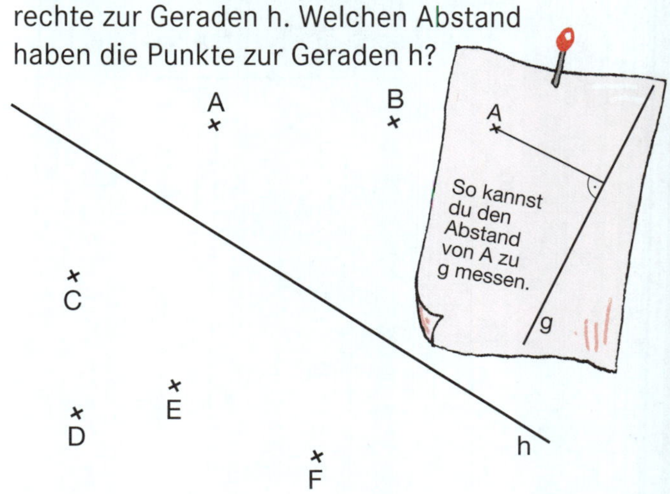

2 Stelle mit dem Geodreieck fest, ob die Geraden senkrecht oder parallel sind. Setze die Zeichen für senkrecht und parallel in die Tabelle ein.

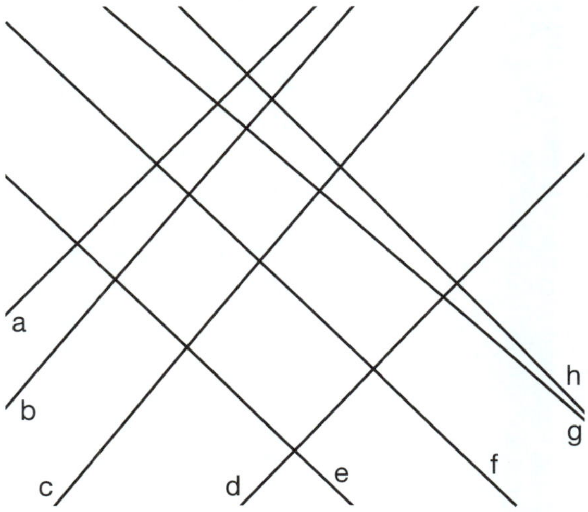

	a	b	c	d	e	f	g	h
a				‖				
b								
c								
d					⊥			
e								
f								
g								
h								

3 Setze die Schraffierung fort.

a)

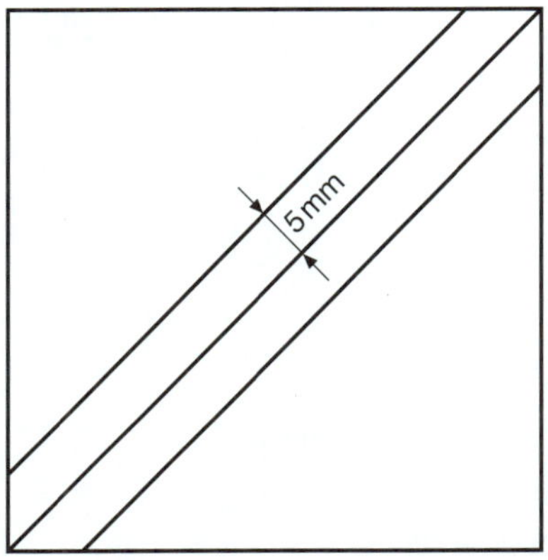

b)

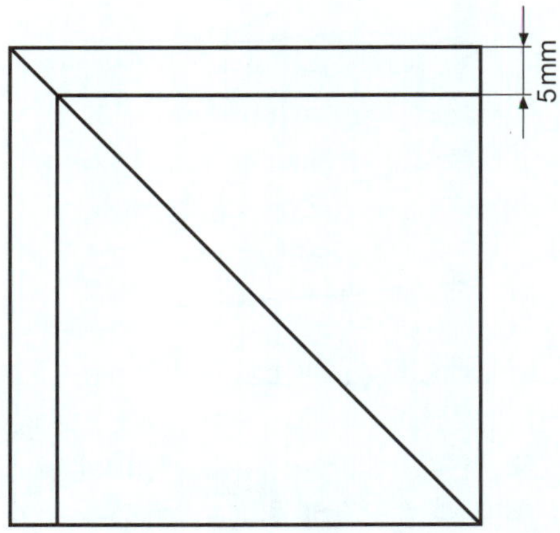

Rechteck und Quadrat

1 a) Miss die Seitenlängen der Figuren und beschrifte die Seiten.

b) Welche der Figuren sind Rechtecke oder Quadrate? ____________________

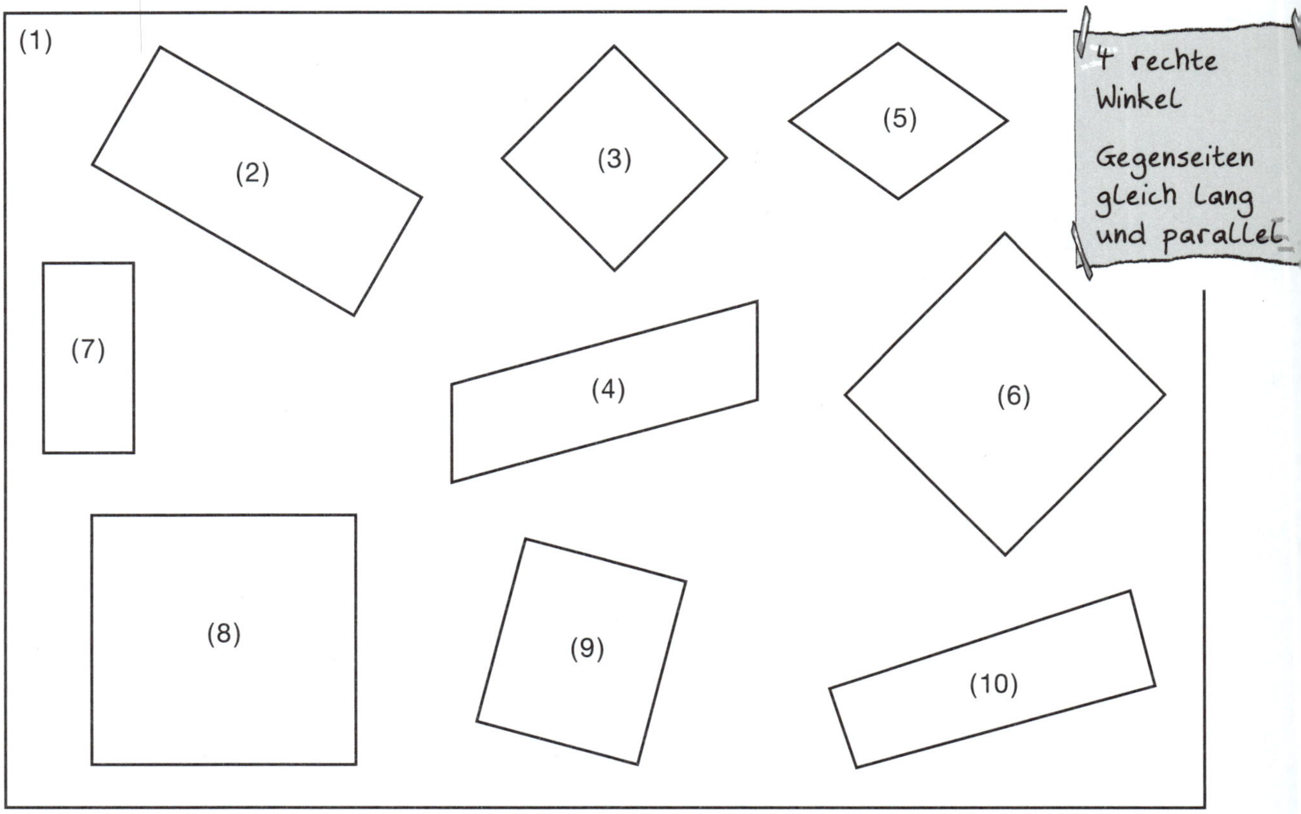

2 Setze die Zeichnungen der Rechtecke oder Quadrate fort.

a)

c)

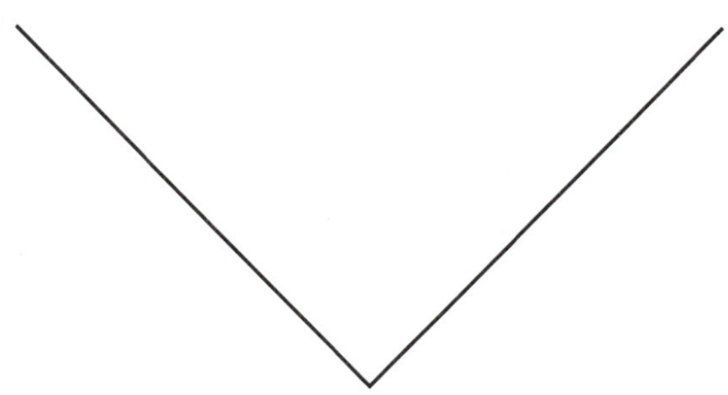

b)

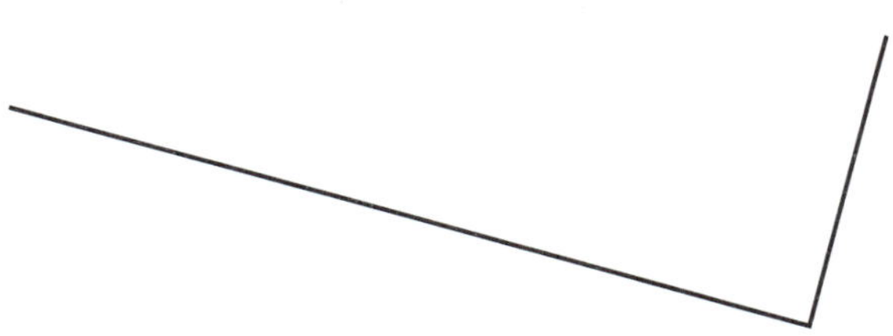

3 Zeichne die Figuren auf unliniertes Papier.

a) Rechteck
Länge = 8,4 cm
Breite = 5,8 cm

b) Rechteck
Länge = 6,6 cm
Breite = 9,8 cm

c) Rechteck
a = 8,5 cm
b = 8,5 cm

d) Quadrat
Seitenlänge = 7,2 cm

Figuren im Gitternetz

1 a) Lies für die folgenden Punkte den Rechtswert und den Hochwert ab.

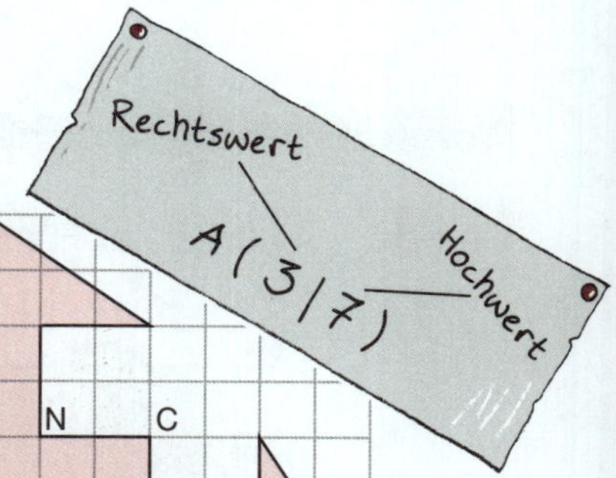

A (|)	B (|)
C (|)	D (|)
E (|)	F (|)
G (|)	H (|)
I (|)	K (|)
L (|)	M (|)
N (|)	O (|)
P (|)	Q (|)

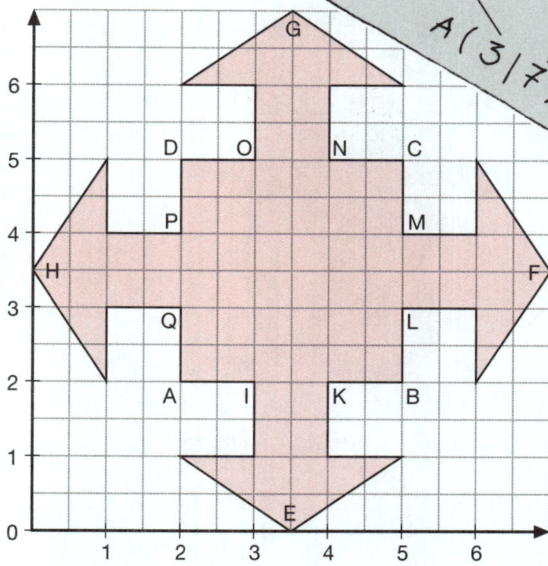

2 Zeichne die Punkte in das Achsenkreuz und verbinde sie der Reihe nach.

a) A (1 | 8) → B (3 | 7) → C (4 | 5) → D (5 | 7) → E (7 | 8) → F (5 | 9) → G (4 | 11) → H (3 | 9) → A

b) A (0 | 0) → B (7 | 0) → C (6 | 2) → D (7 | 4) → E (0 | 4) → F (1 | 2) → A

c) A (10 | 0) → B (15 | 3) → C (13 | 6) → D (8 | 3) → A

d) A (8 | 5) → B (12 | 7) → C (14 | 9) → D (14 | 11) → E (12 | 11) → F (10 | 9) → A

Achsensymmetrische Figuren

1 Welche der Figuren sind achsensymmetrisch? Zeichne die Symmetrieachse ein.

2 Untersuche, welche Pfeilbilder achsensymmetrisch sind. Zeichne alle Symmetrieachsen ein.

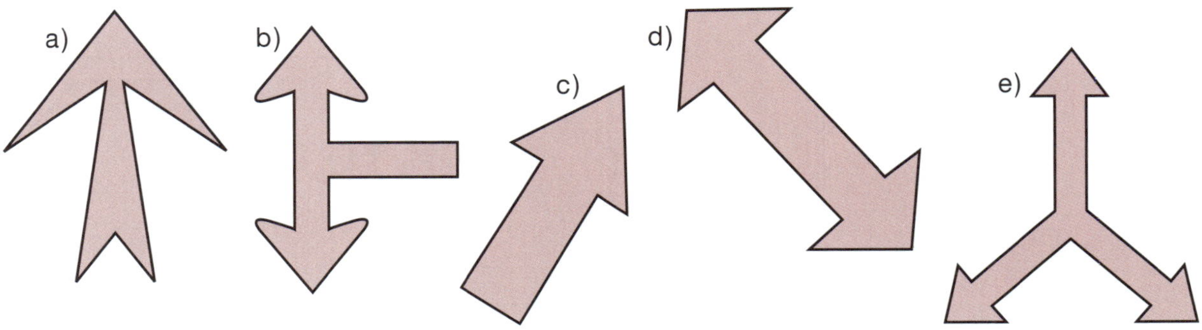

3 Zeichne alle Symmetrieachsen ein.

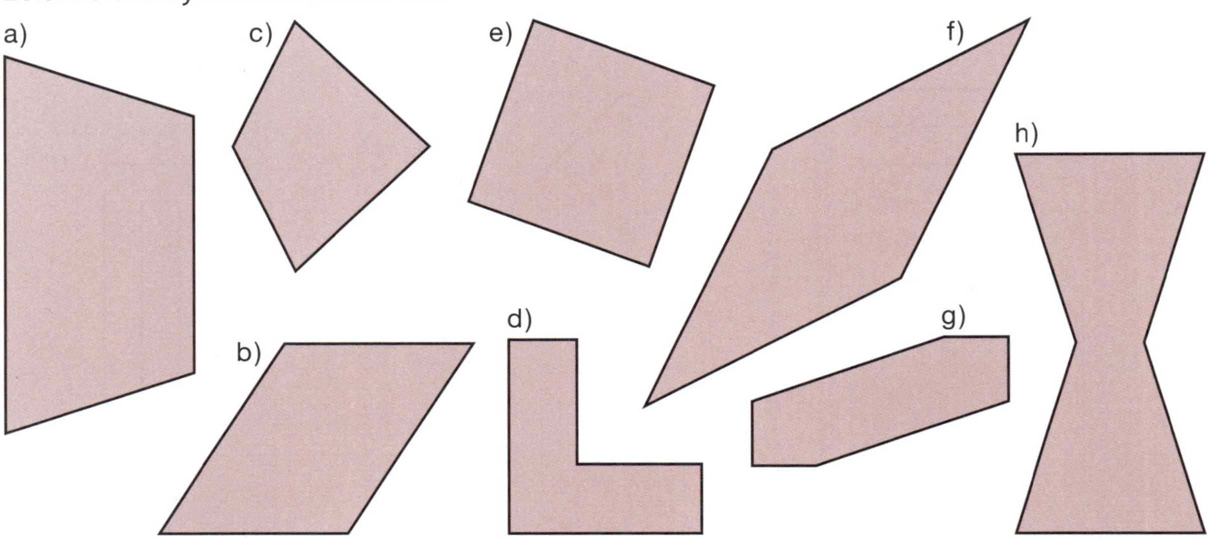

4 Ergänze die Figur, sodass sie achsensymmetrisch ist.

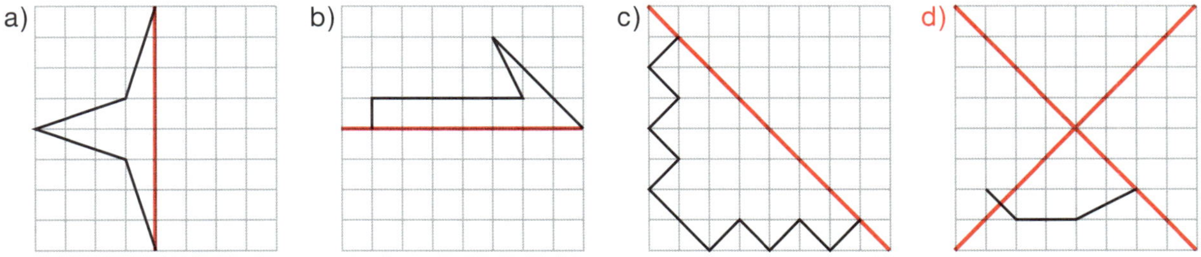

Achsenspiegelung

1 Spiegele die Figur an der roten Spiegelachse. Beschreibe die Gesamtfigur.

a)
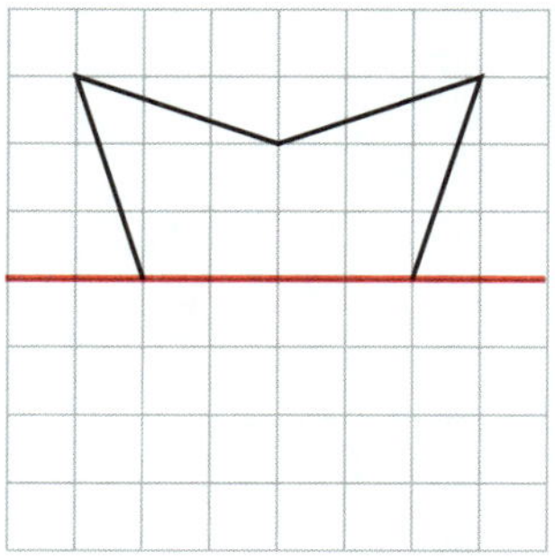

b)
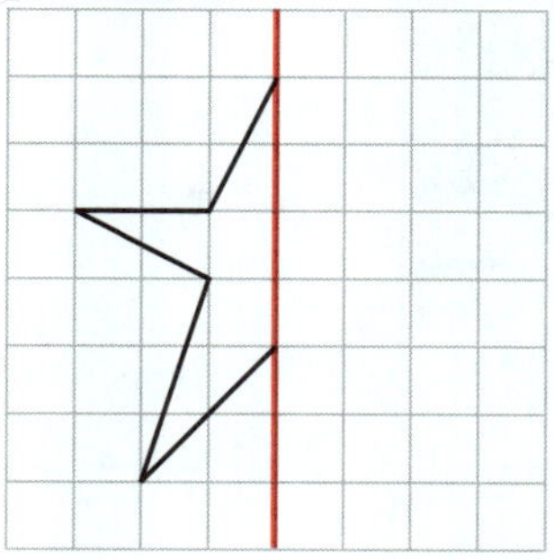

c)
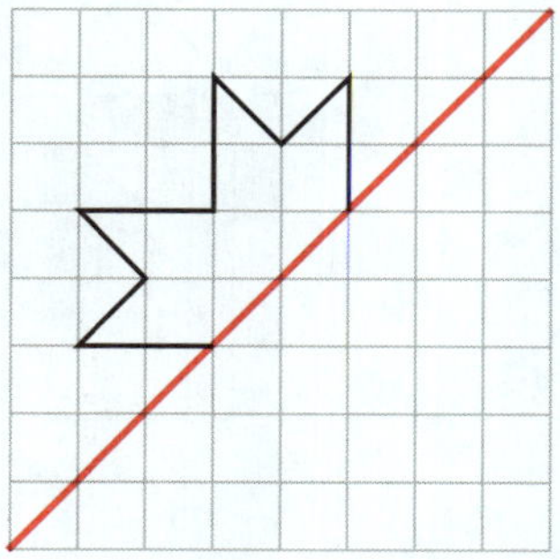

2 Spiegele an der roten Spiegelachse. Wie viele Symmetrieachsen hat die Gesamtfigur? Zeichne sie ein.

a)
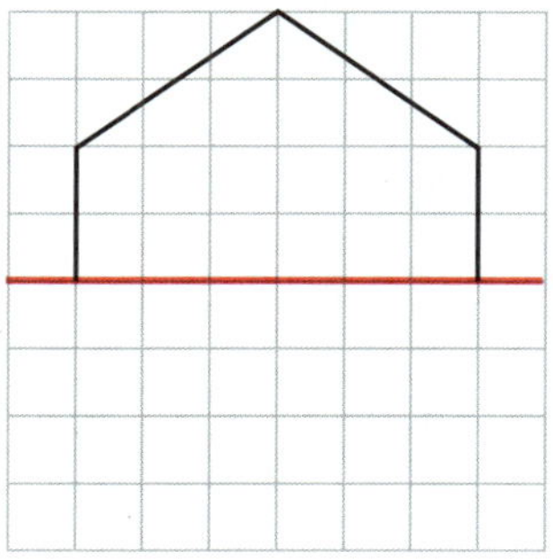

b)
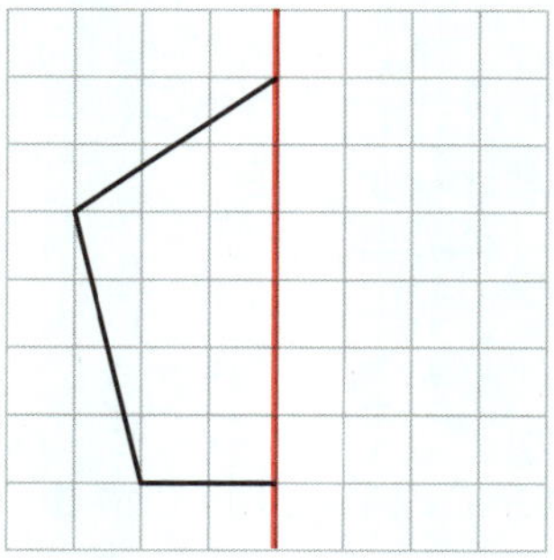

c)
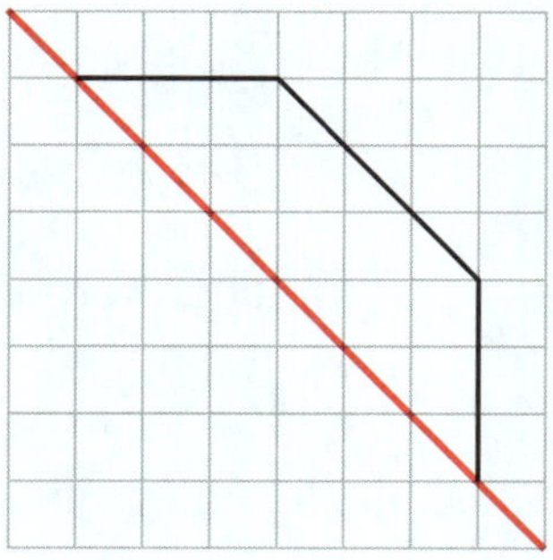

3 Spiegele die Figuren an der roten Spiegelachse.

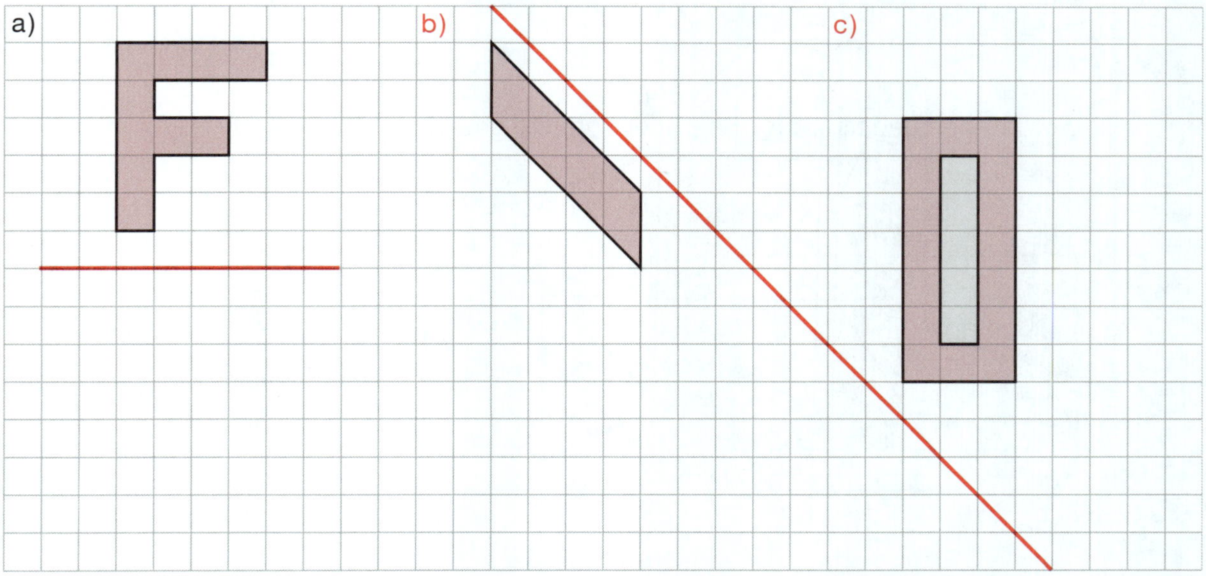

4 Simon behauptet: *„Wenn man ein Quadrat oder eine Raute an einer Diagonale spiegelt, fällt die Bildfigur mit der Originalfigur zusammen. Beim Rechteck ist das ebenso.“*

Würfel und Quader

1

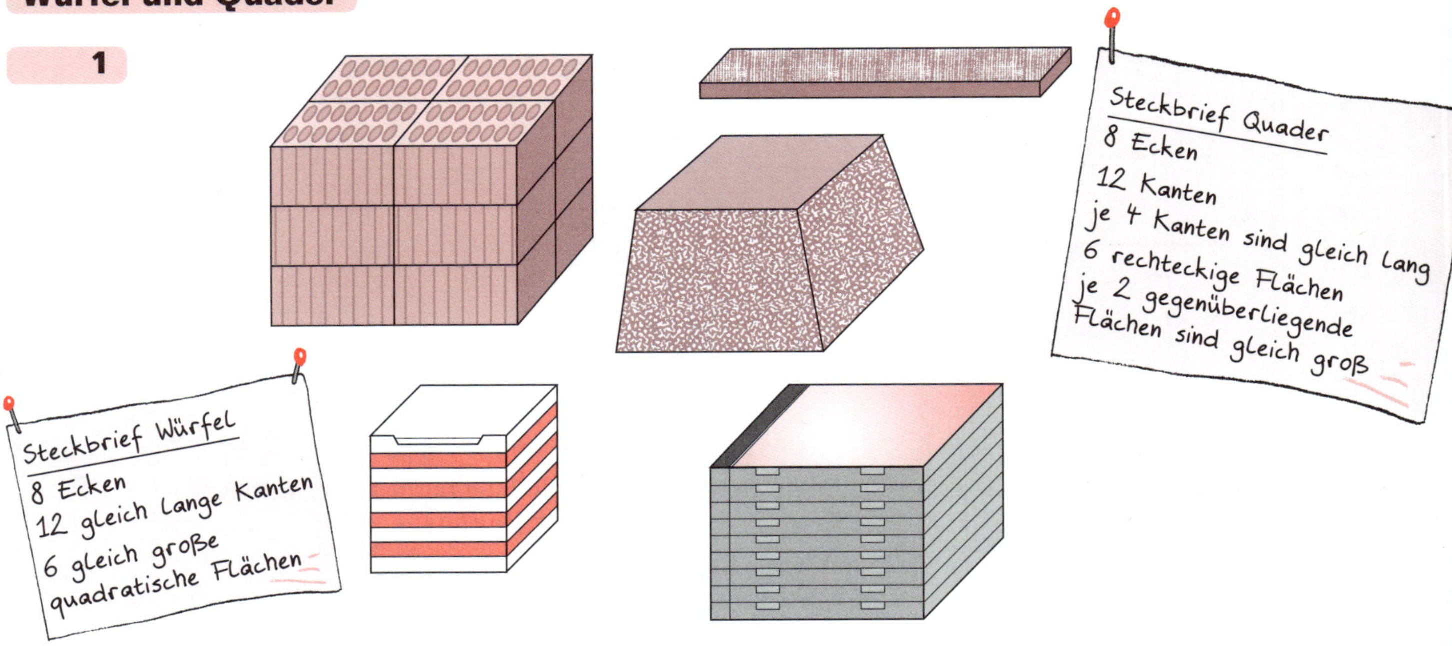

a) Welcher Körper passt nicht dazu?

___

b) Wie unterscheiden sich der Zettelkasten und der CD-Stapel?

___

c) Aysche behauptet: „Jeder Würfel ist auch ein Quader“. Was meinst du dazu?

___

2

Ist die Garage quaderförmig? Begründe mithilfe des Schrägbildes.

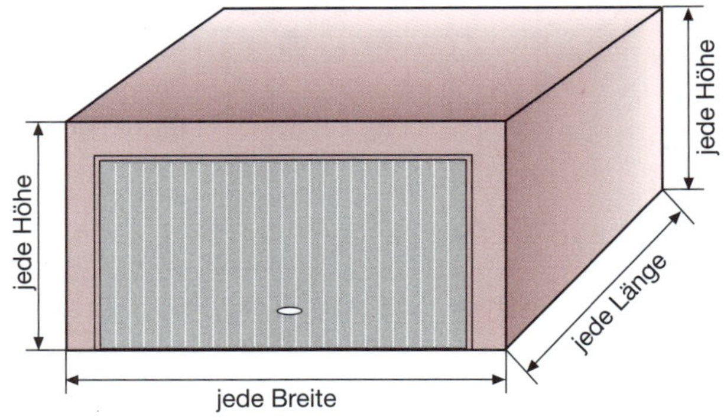

Lösung:

___

___

___

___

3

Hier wurde aus 12 gleich großen Quadern ein großer Quader gebaut.

a) Skizziere noch andere Möglichkeiten.

b) Wie viele Quader lassen sich aus 8 gleich großen Quadern bauen? ___

c) Wie viele Möglichkeiten gibt es, aus 5 gleich großen Quadern einen Quader zu bauen? ___

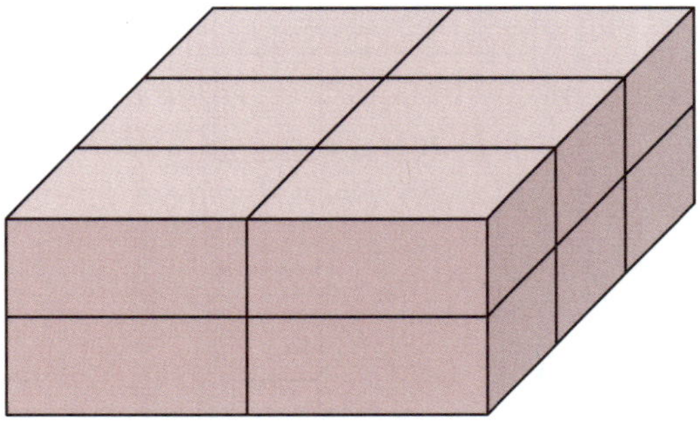

Würfelnetze

1 Bei einem Würfel beträgt die Summe der Augenzahlen auf gegenüberliegenden Flächen 7.

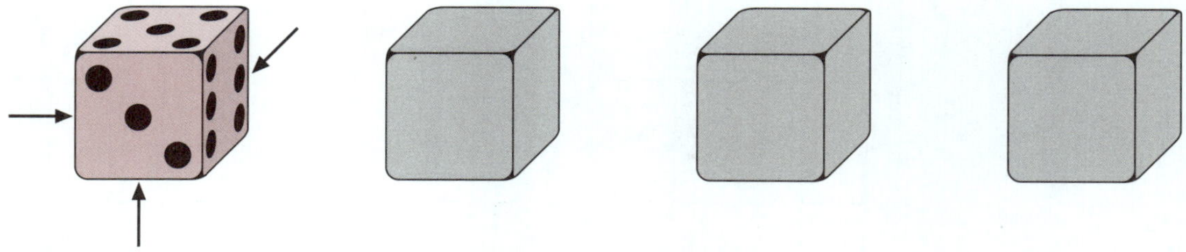

a) Schreibe die Augenzahlen 1, 2 und 4 an die Pfeile.

b) Zeichne die Ansicht des Würfels nach einer Vierteldrehung nach links.

c) Zeichne die Ansicht des roten Würfels nach einer Vierteldrehung nach rechts.

d) Zeichne die Ansicht des roten Würfels nach einer Vierteldrehung nach vorn.

2 Wo liegen die anderen Augenzahlen? Trage sie in die Würfelnetze ein.

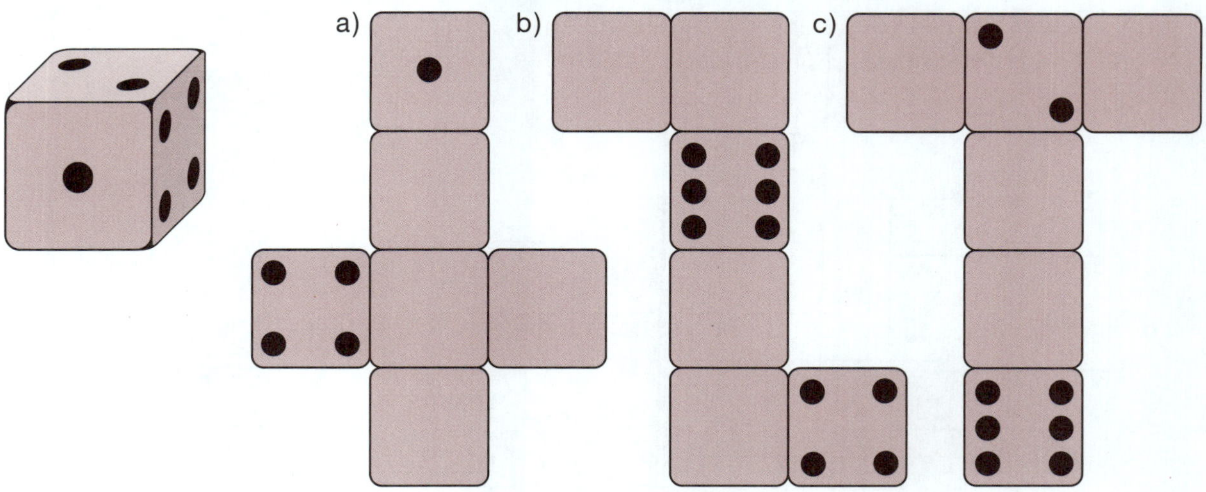

3 a) Aus welchen Figuren kannst du einen Würfel bauen? Kreuze an.

(1) | Ja | Nein | (2) | Ja | Nein | (3) | Ja | Nein | (4) | Ja | Nein |

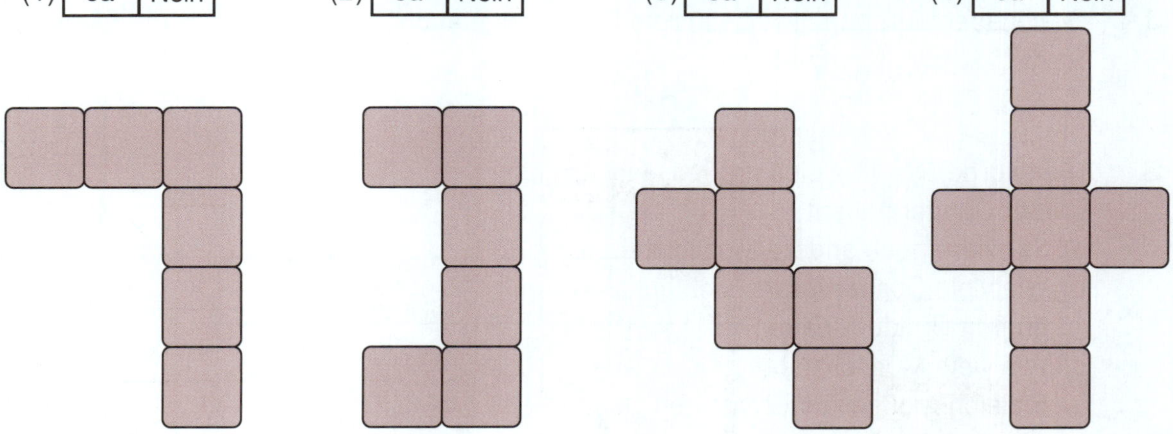

b) Ändere die Figuren so ab, dass richtige Netze entstehen.

Quadernetze

1 Beim Zusammenfalten des Quadernetzes bilden die roten Markierungen eine Quaderecke. Markiere die anderen Ecken mit verschiedenen Farben.

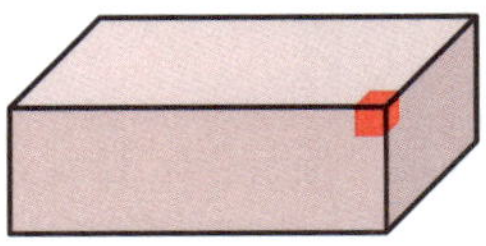

a)

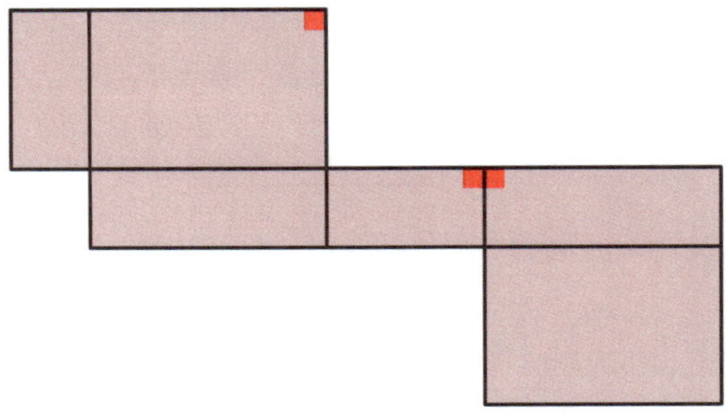

b)

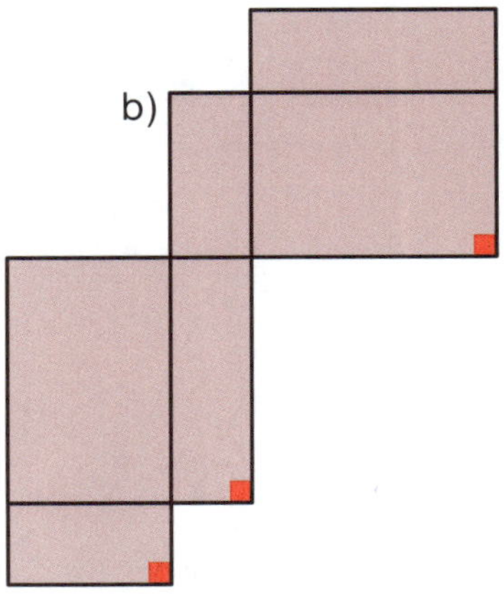

2
a) Welches ist kein Quadernetz? Ändere es so ab, dass es ein Quadernetz wird.
b) Schraffiere die Flächen, die im Quader gegenüberliegen.
c) Zeichne Kanten, die im Quader zueinander parallel verlaufen, mit der gleichen Farbe. Wie viele Farben brauchst du?

(1)

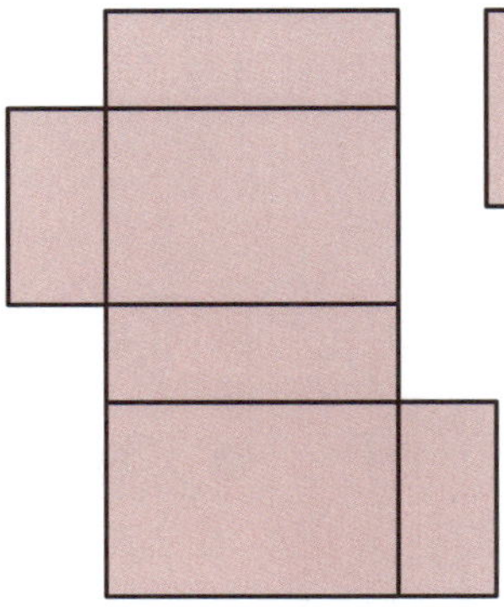

(2)

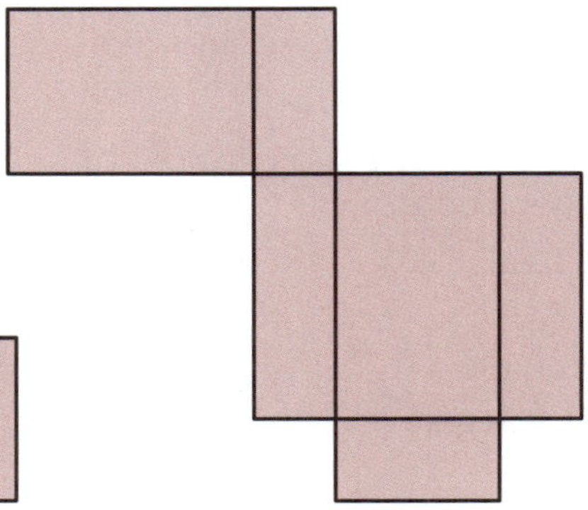

(3)

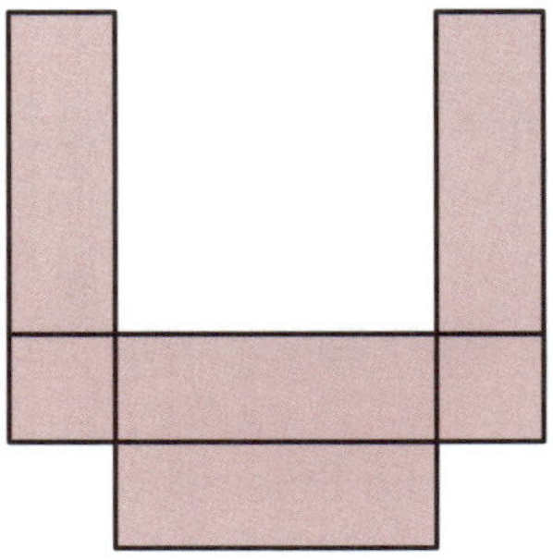

3 Die Quader wurden teilweise in rote Farbe eingetaucht. Vervollständige die Färbung ihrer Netze.

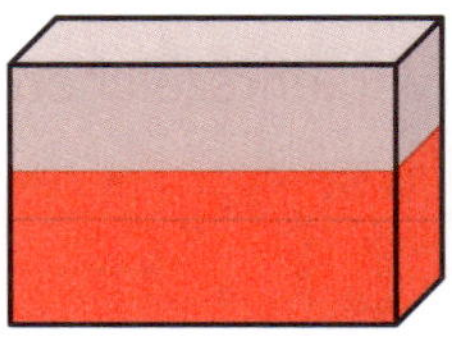

a)

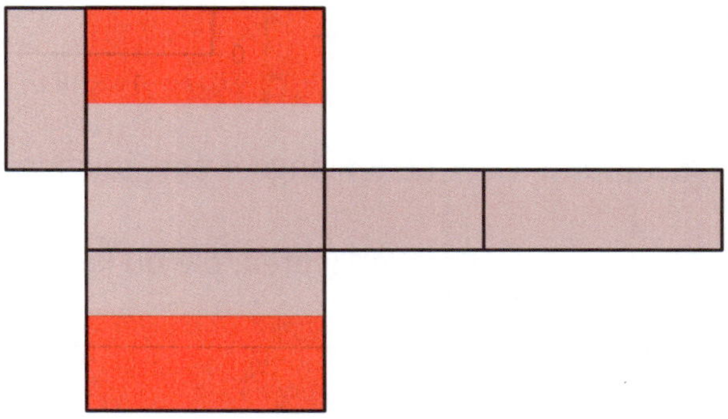

b)

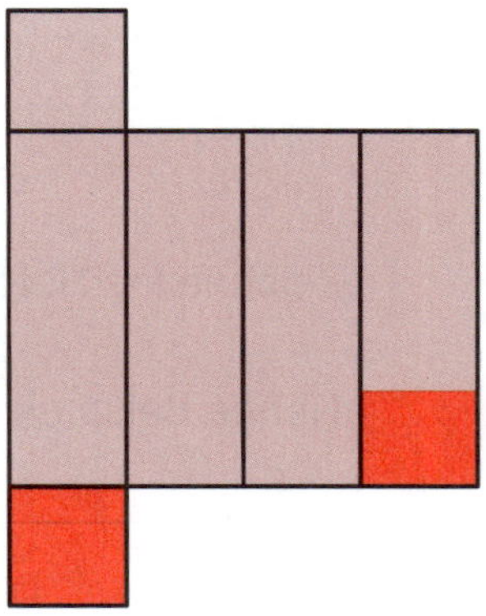

MACH DICH FIT!

1 Spiegele die schraffierten Flächen an der roten Achse.

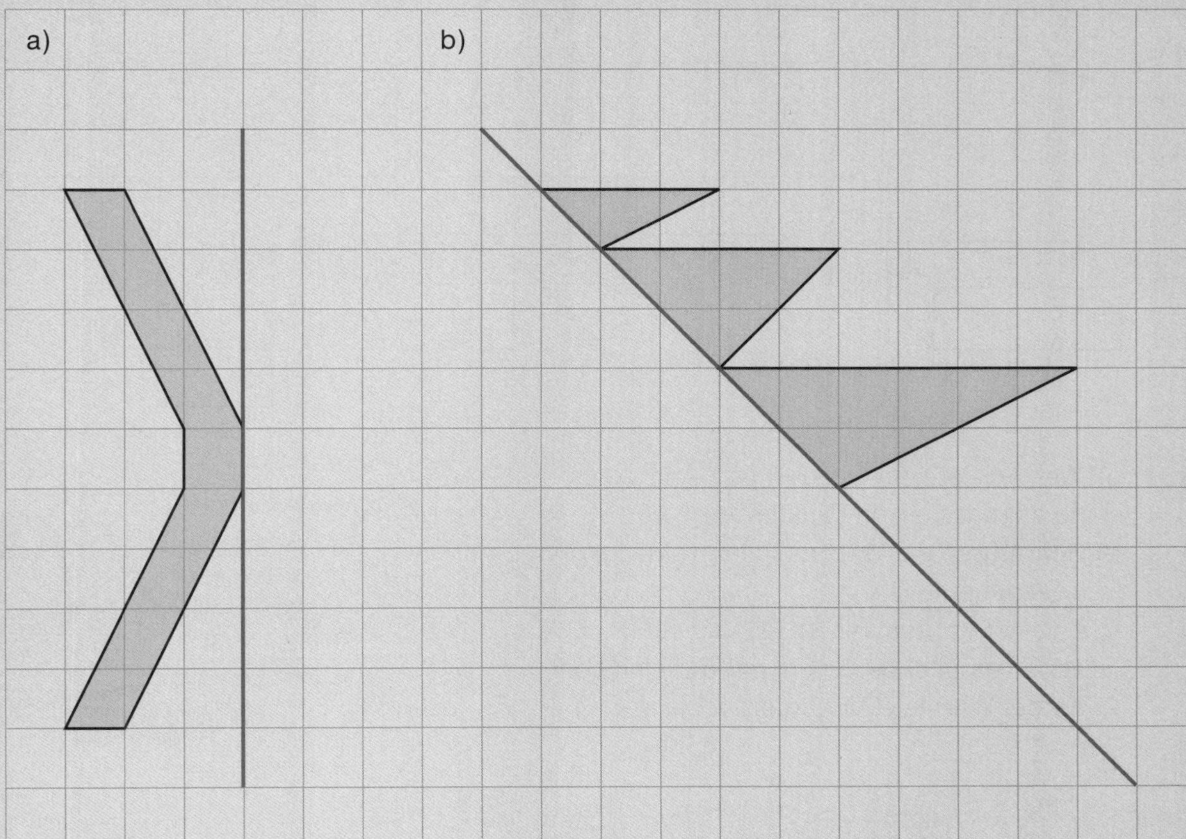

2 a) Zeichne die Punkte in das Achsenkreuz und verbinde sie nacheinander. A (1|2), B (1|8), C (4|2), D (4|8). Welcher Buchstabe wird dargestellt? ______________

b) Zeichne die Spiegelachse g durch die Punkte E (4|0) und F (4|9) und spiegele den Buchstaben an g.

c) Lies die Eckpunkte des gespiegelten Buchstabens ab.

______________ ______________

______________ ______________

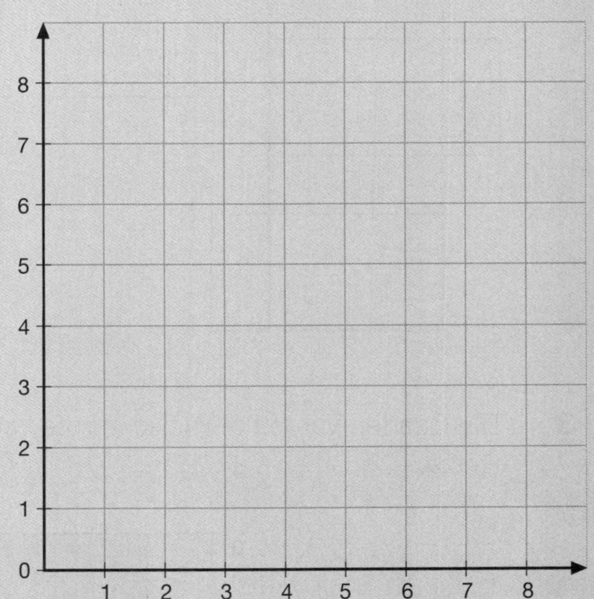

3 Zeichne ins Heft ein Quadrat mit der Seitenlänge 4 cm. Zeichne die Symmetrieachsen rot ein.

4 Nenne Beispiele für achsensymmetrische Figuren, die du kennst (z. B. Verkehrszeichen).

____

____

MACH DICH FIT!

5 Vervollständige die Rechtecke.

a) b) c)

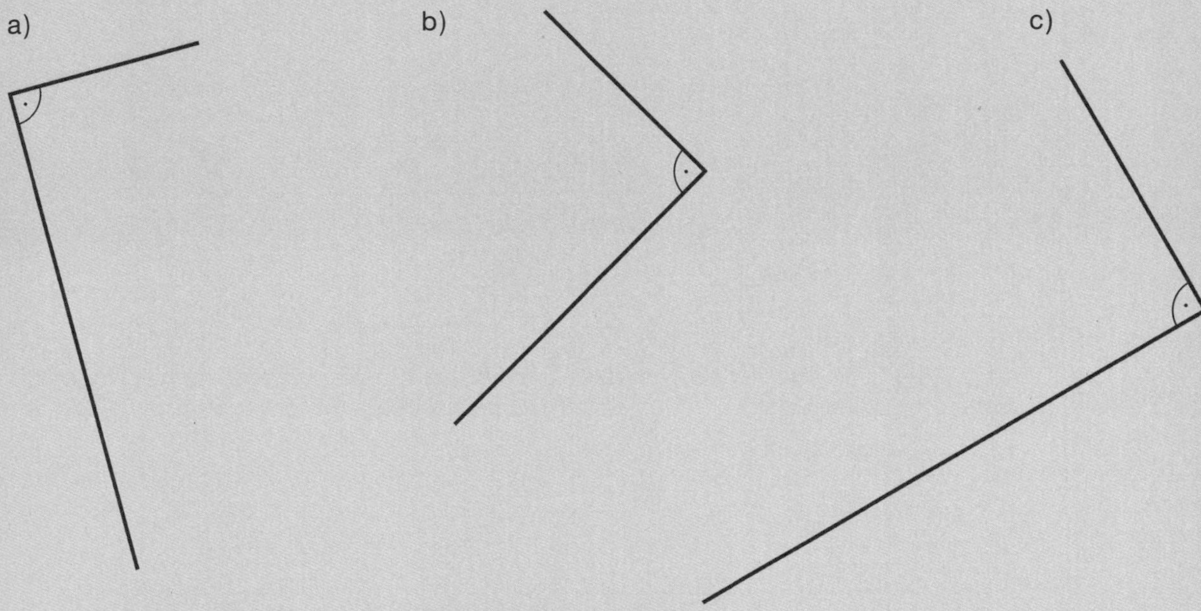

6 Setze die Zeichnung zu einem Quadernetz fort.

a) b)

7 So sind die Würfelaugen auf einem Würfel angeordnet. Wo liegen die Würfelaugen in den anderen Netzen desselben Würfels?

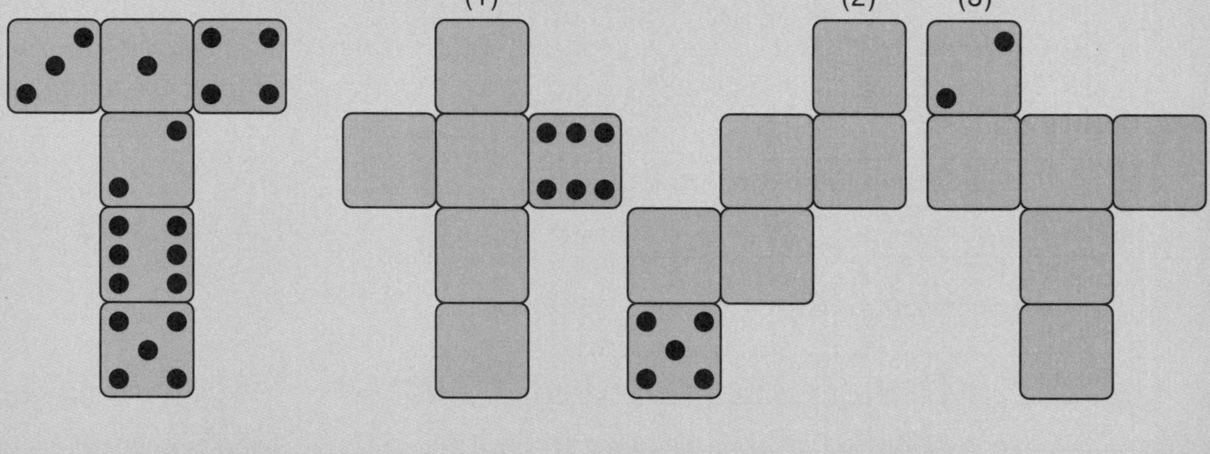

Der Euro – eine neue Währung

1

a) Die Waren werden mit möglichst wenigen Scheinen und Münzen bezahlt. Schreibe auf wie im Beispiel für die Fahrradkleidung:

142,78 € = 1 · 100 € + 2 · 20 € + 1 · 2 € + 1 · 50 ct + 2 · 10 ct + 4 · 2 ct

____

____

____

____

b) Wie viel Wechselgeld erhältst du, wenn du mit dem nächstgrößeren Schein bezahlst?

__________ €   __________ €   __________ €   __________ €

2 Wie viel Geld hat Herr Bauer an der Kinokasse eingenommen?

200 €	100 €	50 €	20 €	10 €	5 €	2 €	1 €	50 ct	20 ct	10 ct
6	8	11	24	37	45	120	144	36	90	24
1200 €										

Die Gesamteinnahme beträgt __________ €.

3 Frau Meißner hat nur Geldscheine mit 5 €, 10 € und 20 €. Wie kann sie eine Rechnung von 145 € bezahlen? Es gibt verschiedene Möglichkeiten. Schreibe fünf Möglichkeiten in der Tabelle auf.

	5-€-Schein	10-€-Schein	20-€-Schein
Anzahl			
Anzahl			
Anzahl			
Anzahl			
Anzahl			

Mit Geld rechnen

1 Berechne die Preise.

a) gemischtes Eis (4 Kugeln) mit Sahne ______

b) Spagetti-Eis (3 Kugeln) mit Sahne ______

c) vier Fruchtbecher, davon zwei mit Sahne ______

d) fünf Schokobecher ______

e) zwei Eiskaffee und drei Limo ______

2 Herr Winter holt aus dem Getränkemarkt 3 Flaschen Limo zu je 80 ct, 5 Flaschen Cola zu je 1,15 € und 6 Flaschen Mineralwasser zu je 38 ct. Für eine Flasche wird 15 ct Pfand berechnet. Er zahlt mit einem 20-€-Schein. Wie teuer ist der Einkauf und wie viel Wechselgeld erhält er zurück?

Einkauf: ______ Wechselgeld: ______

3 Für 4 kg Kirschen bezahlte Frau Herrlich auf dem Wochenmarkt 12 €.

a) Wie viel kostet ein kg Kirschen? ______

b) Lukas kaufte 5 kg Kirschen. Wie viel musste er bezahlen? ______

4 Rechne wie im Beispiel.

35 € 69 ct + 6 € 5 ct = 35,69 € + 6,05 € = 41,74 €

a) 26 € 9 ct + 40 € 98 ct = ______

b) 46 € 58 ct + 29 € 76 ct = ______

c) 96 € 75 ct – 48 € 7 ct = ______

d) 43 € 24 ct – 17 € 68 ct = ______

5

a) 4,67 € · 8 = ______
5,25 € · 9 = ______
8,09 € · 5 = ______

b) 0,94 € · 3 = ______
6,08 € · 4 = ______
20,29 € · 8 = ______

c) 6,15 € : 3 = ______
16,08 € : 8 = ______
36,25 € : 5 = ______

Rechnen mit Tabellen

1 Frau Keller legt für die Kirschen eine Tabelle an.

Gewicht	1 kg	2 kg	3 kg	4 kg	5 kg	6 kg	7 kg	8 kg	9 kg	10 kg
Preis	6 €	12 €								

a) Vervollständige die Tabelle. Welche Besonderheit kannst du an der Tabelle entdecken?

____

____

b) Vergleiche die Preise von 3 kg Kirschen und 6 kg Kirschen, 5 kg Kirschen und 10 kg Kirschen und bilde weitere solche Paare.

____

____

c) Vergleiche die Preise von 10 kg Kirschen und 2 kg Kirschen, 9 kg Kirschen und 3 kg Kirschen, 8 kg Kirschen und 2 kg Kirschen. Was stellst du fest?

____

____

2 Lege eine Tabelle für die Kiwis von 1 Stück bis 15 Stück an. Untersuche die Tabelle auf Gesetzmäßigkeiten.

Stück	1	2	3												
ct															

3 Stelle für den Obststand weitere Tabellen auf und suche nach Gesetzmäßigkeiten.

Stück															
ct															

Umwandlungszahl 10

1 m = 10 dm
1 dm = 10 cm
1 cm = 10 mm

1 Schätze die Längen der Strecken und miss sie danach. Trage deine Ergebnisse in die Tabelle ein.

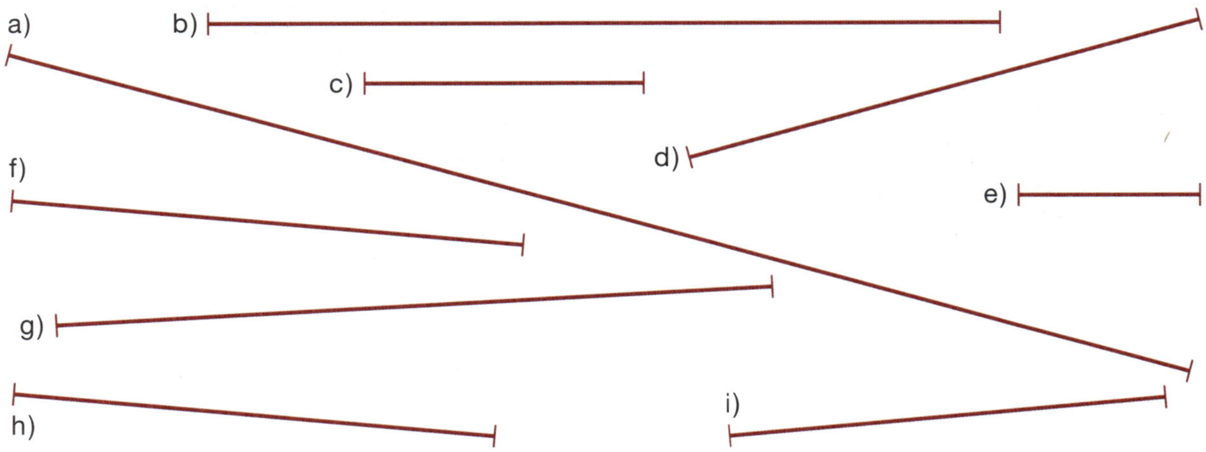

	a)	b)	c)	d)	e)	f)	g)	h)	i)
geschätzt									
gemessen									
Unterschied									

2 Verwandle in die angegebene Einheit. 1 km = 1000 m

a) 3 dm = ______ mm
16 m = ______ cm
196 m = ______ dm

b) 45 cm = ______ mm
78 m = ______ mm
96 000 cm = ______ m

c) 47 000 m = ______ km
65 000 mm = ______ dm
75 000 dm = ______ km

3

km			m			dm	cm	mm
H	Z	E	H	Z	E			
	2	3	0	5	0	6	4	1

23,050641 km = 23 050,641 m = 230 506,41 dm = 2 305 064,1 cm = 23 050 641 mm

a) 16 km 20 m 6 dm 5 cm 8 mm
b) 225 km 8 m 7 cm 5 mm
c) 90 873 204 mm
d) 6 508 807,4 cm
e) 300 064,08 dm
f) 502 006 m

Mit Längen rechnen

1 Ordne der Größe nach.

a) 33,033 km; 33,004 km; 3300 m; 32 333 333 mm; 400 404 dm; 3 300 401 cm

____

b) 208 208 208 mm; 208 209 m; 208,3 km; 2 082 080 dm; 2 082 080 cm

____

2 Rechne und gib in der gewünschten Einheit an.

a)

67 m + 8 m 7 cm	=	______	m
7,254 km – 3 km 45 m	=	______	km
80 dm – 75 dm 6 cm	=	______	cm
290 cm – 6 dm 8 cm	=	______	dm
5600 m – 2,4 km	=	______	km
28 cm 9 mm – 156 mm	=	______	cm

b)

75 km – 74 600 m	=	______	km
752 cm – 6 m 18 cm	=	______	m
70 cm + 6 dm 9 cm	=	______	cm
41 cm – 25 cm 7 mm	=	______	mm
36 km – 22 700 m	=	______	km
45 dm – 12 cm 20 mm	=	______	dm

3 Schreibe mit Komma untereinander und berechne.

a) 4 km 15 m + 17 km 9 m

b) 47 km 15 m + 18 003 m

c) 46 m 68 cm – 9,63 dm

4 Herr Bauer fährt täglich mit dem Fahrrad 5,5 km zur Arbeit und zurück.

a) Wie viel km fährt er wöchentlich bei 5 Arbeitstagen? ______________________

b) In einem Jahr arbeitet Herr Bauer 46 Wochen lang. ______________________

5

a)

5,84 m · 8	=	_____	m
4,85 km · 4	=	_____	km
60,3 cm · 7	=	_____	cm
8,07 dm · 9	=	_____	dm
0,735 km · 200	=	_____	km

b)

40,2 m : 6	=	_____	m
8,32 cm : 8	=	_____	cm
978 m : 12	=	_____	m
10,75 km : 25	=	_____	km
87,5 dm : 25	=	_____	dm

c)

18,04 m · 3	=	_____	m
40,2 km : 6	=	_____	km
48,5 cm : 5	=	_____	cm
46,8 mm : 8	=	_____	mm
90,97 cm : 11	=	_____	cm

Gewichte umwandeln

Umwandlungszahl 1000

1 t = 1000 kg
1 kg = 1000 g
1 g = 1000 mg

1 Verwandle in die angegebene Einheit.

a)		b)		c)	
5000 g =	______ kg	45 000 mg =	______ g	69 000 kg =	______ t
16 kg =	______ g	78 000 g =	______ kg	165 000 mg =	______ kg
48 g =	______ mg	53 t =	______ g	1 000 000 mg =	______ kg
50 000 kg =	______ t	9500 g =	______ kg	850 kg =	______ g
36 g =	______ kg	46 000 mg =	______ g	35 000 mg =	______ g

2 Unterstreiche mit der gleichen Farbe, was zusammengehört.

105 000 g | 0,608 t | 0,086 t | 12 800 mg | 68 t | 72 450 kg | 68 000 000 g | 105 kg | 86 000 g | 6058 g | 72,45 t | 12,8 g | 6,058 kg | 608 kg

3

t			kg			g			mg		
H	Z	E	H	Z	E	H	Z	E	H	Z	E
				3	2	0	5				

HEFT

32,050 kg = 32 050 g = 32 050 000 mg = 0,032050 t

a) 28 kg 20 g 146 mg
b) 225 t 87 kg 16 g
c) 946 087 032 mg
d) 61 507,880 g
e) 30,009604 t
f) 4030,825 kg

4 Ordne der Größe nach.
55,055 kg; 0,55007 t; 55 000 g; 52 555 555 mg; 700 707 g; 5 500 701 mg; 0,557 t

Mit Gewichten rechnen

1 Rechne und gib in der gewünschten Einheit an.

a)
25 kg + 80 kg 90 g = ______ g
37,24 kg – 32 kg 22 g = ______ kg
90 t – 70 t 170 kg = ______ t
60 t – 45 t 812 kg = ______ kg
35 200 g – 12,9 kg = ______ g

b)
85 kg – 79 200 g = ______ kg
73 t – 58 t 50 kg = ______ t
304 mg + 506 g 800 mg = ______ g
43 kg – 38 kg 750 g = ______ g
25 t – 22 708 kg = ______ kg

2 Schreibe mit Komma untereinander und berechne die Summen.

a) 14 t 153 kg + 27 t 9 kg + 7,004 t

b) 11 t 15 kg + 35 003 kg + 6007 g

3 Ein LKW transportiert 8 m lange T-Träger, bei denen ein Stück von 1 m Länge 106 kg wiegt.

a) Wie viel kg wiegt ein Träger von 8 m Länge? ______

b) Der LKW hat ein zulässiges Gesamtgewicht von 20 t, sein Eigengewicht beträgt 8 t. Wie viele Träger kann er transportieren? ______

c) Wie viele Träger von 10 m Länge darf der LKW transportieren? ______

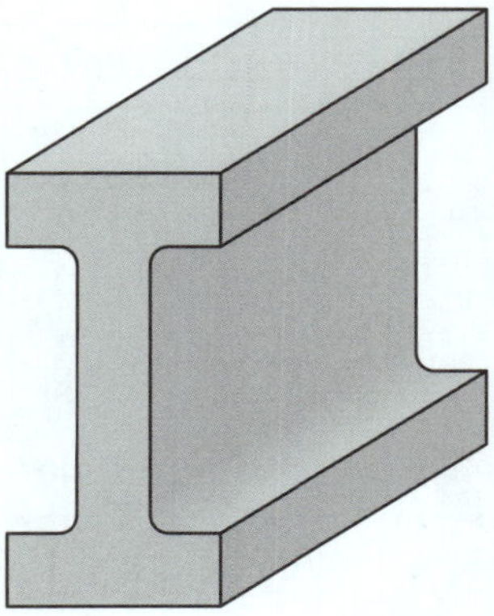

4

a)
20,8 kg · 9 = ______ kg
36,5 mg · 8 = ______ mg
4,32 g : 6 = ______ g
49,80 t : 20 = ______ t
5 kg 12 g · 7 = ______ kg

b)
40,62 kg : 6 = ______ kg
8,32 mg : 8 = ______ mg
507 t : 12 = ______ t
50,175 kg : 25 = ______ kg
51,90 t : 15 = ______ t

Zeitspannen umwandeln

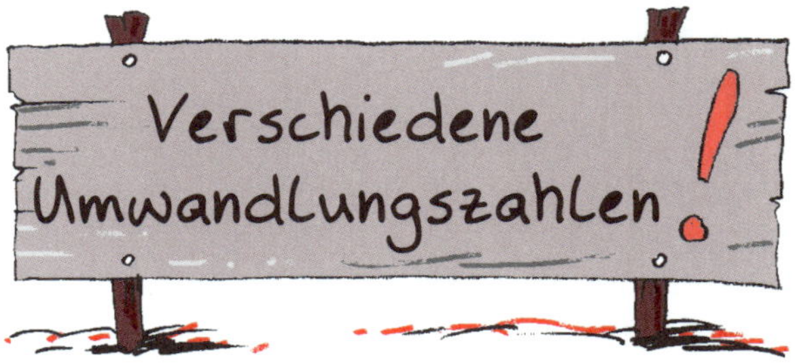

1 Tag (d) = 24 Stunden (h)
1 h = 60 Minuten (min)
1 min = 60 Sekunden (s)

1 Jahr = 12 Monate = 365 Tage

1 Wandle in die angegebene Einheit um.

a)	b)	c)
6 min = ______ s	600 s = ______ min	6 min 9 s = ______ s
15 min = ______ s	900 s = ______ min	15 min 5 s = ______ s
20 min = ______ s	480 s = ______ min	40 min 12 s = ______ s
9 min = ______ s	6000 s = ______ min	25 min 35 s = ______ s
45 min = ______ s	840 s = ______ min	12 min 19 s = ______ s

2 Unterstreiche mit der gleichen Farbe, was zusammengehört.

105 s | 2 h 46 min | 5 d | 210 min | 3 h 30 min | 10 h 50 min | 608 min | 166 min | 20 h | 120 h | 1 min 45 s | 10 h 8 min | 650 min | 1200 min

3 Wie viele Stunden, Minuten und Sekunden sind dies? Rechne wie im Beispiel.

100 000 s = 1666 min 40 s = 27 h 46 min 40 s = 1 d 3 h 46 min 40 s

a) 300 000 s	b) 150 000 s	c) 750 000 s	d) 1 000 000 s
= ________	= ________	= ________	= ________
= ________	= ________	= ________	= ________
= ________	= ________	= ________	= ________

4 a) Wie viele Minuten sind es bis zur nächsten vollen Stunde?

7.12 Uhr ______ 9.19 Uhr ______ 11.32 Uhr ______ 15.41 Uhr ______

b) Wie viele Stunden und Minuten sind es bis 18 Uhr?

9.16 Uhr ______ 11.07 Uhr ______ 12.38 Uhr ______ 14.58 Uhr ______

c) Wie viele Stunden und Minuten sind es bis 12 Uhr?

3.57 Uhr ______ 6.12 Uhr ______ 11.49 Uhr ______ 9.28 Uhr ______

Mit Zeitspannen rechnen

1

a)

2 h 35 min + 8 h 10 min = ________

7 h 28 min – 2 h 19 min = ________

16 h 15 min + 6 h 30 min = ________

3 d 15 h – 1 d 6 h = ________

15 d 16 h – 7 d 20 h = ________

b)

5 d 16 h + 7 d 8 h = ________

17 d 4 h – 6 d 12 h = ________

3 d 9 h + 6 d 16 h = ________

9 d 13 h – 4 d 15 h = ________

20 min 35 s + 49 min 8 s = ________

2 Wie lange dauerte die Fahrt?

a) Abfahrt: 7.34 Uhr
Ankunft: 12.57 Uhr

____

b) Abfahrt: 11.22 Uhr
Ankunft: 22.15 Uhr

____

c) Abfahrt: 6.54 Uhr
Ankunft: 13.38 Uhr

____

d) Abfahrt: 9.14 Uhr
Ankunft: 14.06 Uhr

____

e) Abfahrt: 18.22 Uhr
Ankunft: 2.19 Uhr

____

f) Abfahrt: 20.44 Uhr
Ankunft: 5.27 Uhr

____

3 Berechne die fehlenden Werte und trage sie in die Tabelle ein.

Abfahrt	7.29	22.06	10.47	23.12			
Ankunft	10.13	3.17			17.08	1.23	0.00
Fahrtdauer			3.39	4.52	3.25	6.45	3.15

4

a) Stelle fest, wie viele Tage die einzelnen Monate haben. In welchen Jahren hat der Monat Februar 29 Tage?

b) Frau Berend hat vom 14. Mai bis zum 8. Juni in ihrem Betrieb Urlaub genommen. Wie viele Tage sind das?

2000	Januar	Februar	März	April	Mai	Juni
S	2 9 16 23 30	6 13 20 27	5 12 19 26	2 9 16 23 30	7 14 21 28	4 11 18 25
M	3 10 17 24 31	7 14 21 28	6 13 20 27	3 10 17 24	1 8 15 22 29	5 12 19 26
D	4 11 18 25	1 8 15 22 29	7 14 21 28	4 11 18 25	2 9 16 23 30	6 13 20 27
M	5 12 19 26	2 9 16 23	1 8 15 22 29	5 12 19 26	3 10 17 24 31	7 14 21 28
D	6 13 20 27	3 10 17 24	2 9 16 23 30	6 13 20 27	4 11 18 25	1 8 15 22 29
F	7 14 21 28	4 11 18 25	3 10 17 24 31	7 14 21 28	5 12 19 26	2 9 16 23 30
S	1 8 15 22 29	5 12 19 26	4 11 18 25	1 8 15 22 29	6 13 20 27	3 10 17 24
	Juli	August	September	Oktober	November	Dezember
S	2 9 16 23 30	6 13 20 27	3 10 17 24	1 8 15 22 29	5 12 19 26	3 10 17 24 31
M	3 10 17 24 31	7 14 21 28	4 11 18 25	2 9 16 23 30	6 13 20 27	4 11 18 25
D	4 11 18 25	1 8 15 22 29	5 12 19 26	3 10 17 24 31	7 14 21 28	5 12 19 26
M	5 12 19 26	2 9 16 23 30	6 13 20 27	4 11 18 25	1 8 15 22 29	6 13 20 27
D	6 13 20 27	3 10 17 24 31	7 14 21 28	5 12 19 26	2 9 16 23 30	7 14 21 28
F	7 14 21 28	4 11 18 25	1 8 15 22 29	6 13 20 27	3 10 17 24	1 8 15 22 29
S	1 8 15 22 29	5 12 19 26	2 9 16 23 30	7 14 21 28	4 11 18 25	2 9 16 23 30

c) Wie viele Tage sind es vom
20.01.00 bis 27.04.00, 26.03.00 bis 05.06.00, 08.08.00 bis 06.12.00,

________ ________ ________

25.03.00 bis 12.02.01, 13.09.00 bis 07.08.01, 31.01.00 bis 31.03.01?

________ ________ ________

Mach dich fit!

1 Die Waren werden mit möglichst wenig Scheinen und Münzen bezahlt. Trage die Anzahlen in die Tabelle ein.

	500 €	200 €	100 €	50 €	20 €	10 €	5 €	2 €	1 €
297 €									
847 €									
6420 €									
18 945 €									

2 Wie hoch war die Tageseinnahme der Tankstelle?

500 €	200 €	100 €	50 €	20 €	10 €	5 €	2 €	1 €	50 ct	20 ct	10 ct
28	34	87	115	324	237	145	120	74	36	80	325

Die Gesamteinnahme beträgt ________________ €.

3 Gib in Metern an.

a) 7 km 35 m = ________ b) 35 km 70 m = ________ c) 17 km 3 m = ________

12 km 56 m = ________ 103 km 3 m = ________ 32 km 32 m = ________

4 Schreibe mit Komma untereinander und berechne.

a) 32 kg 45 g + 217 kg 7 g b) 27 kg 15 g + 4503 g c) 26 kg 68 g + 9 kg 9 g

5 Ordne der Größe nach.

a) 15,033 m; 33,004 dm; 33 000 cm; 333 333 mm; 43 300 dm; 5 300 602 cm

____

b) 405 405 405 mg; 405 409 g; 405,3 kg; 4 054 050 g; 405 kg; 4,05 t

____

6 Wandle in die angegebene Einheit um.

a) 8 min = ________ s b) 180 s = ________ min c) 5 min 12 s = ________ s

10 min = ________ s 300 s = ________ min 8 min 15 s = ________ s

7 Wie viele Tage und Stunden sind es?

a) 160 h b) 200 h c) 400 h d) 600 h

________ ________ ________ ________

Bruchteile herstellen und bestimmen

1 Was gehört zusammen?

$\frac{3}{4}$ $\frac{5}{12}$ $\frac{4}{9}$ $\frac{2}{3}$ $\frac{5}{6}$ $\frac{3}{8}$ $\frac{10}{24}$

2 Färbe den angegebenen Bruchteil. Welcher Bruchteil ist nicht gefärbt?

a) 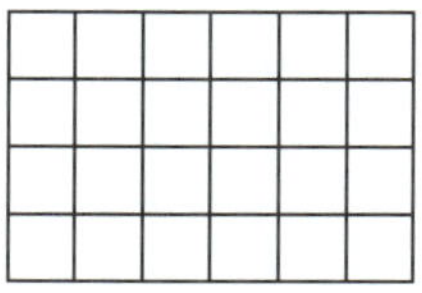

$\frac{4}{6}$ | ___

b) 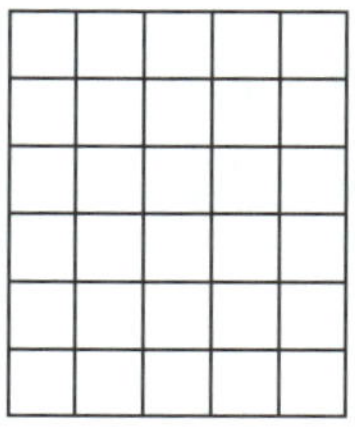

$\frac{3}{5}$ | ___

c) 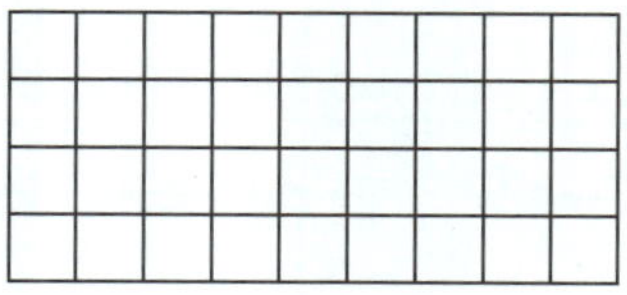

$\frac{3}{4}$ | ___

d) 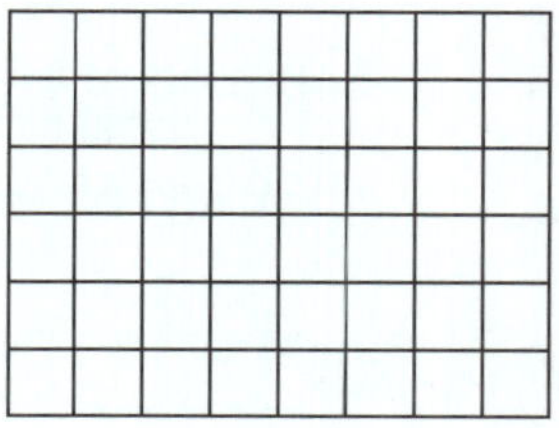

$\frac{5}{8}$ | ___

3 a) Färbe in dem Puzzle den angegebenen Bruchteil.

$\frac{2}{6}$ 

$\frac{7}{12}$ 

$\frac{3}{4}$ 

$\frac{1}{2}$ 

$\frac{2}{3}$ 

$\frac{5}{6}$ 

b) Welches ist der größte Bruchteil? ____________________

Bruchteile herstellen

1 In wie viele Teile ist der Stern unterteilt? Wie heißt ein Teil? Wie heißt der gefärbte Bruchteil?

a)

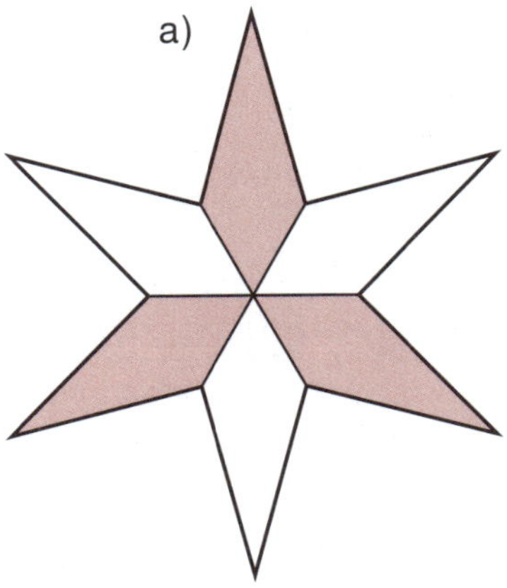

b)

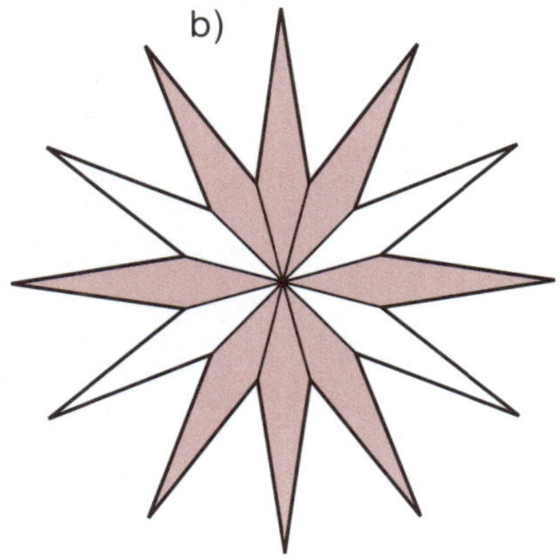

c)

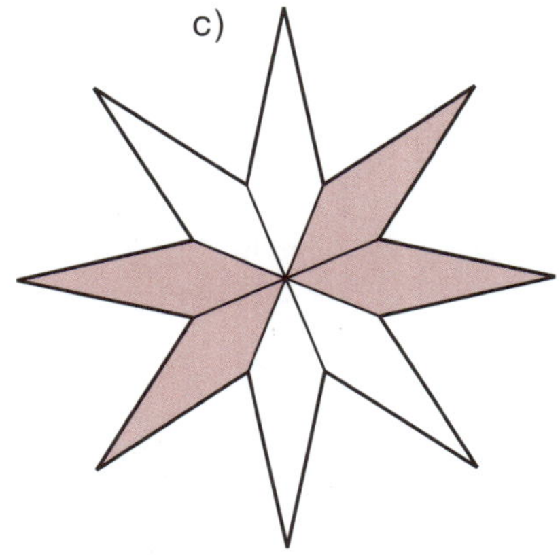

2 In wie viele Teile sind die Stäbe unterteilt? Färbe jeweils 4 Teile. Welcher Bruchteil entsteht?

a) 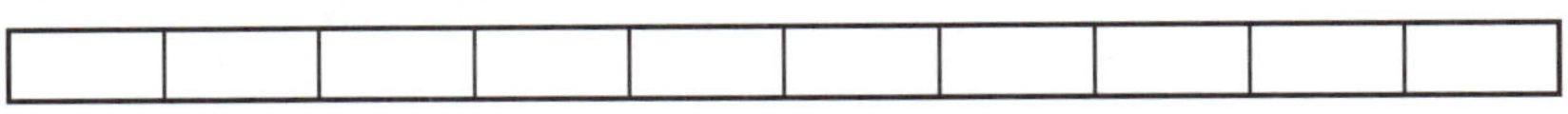

b) 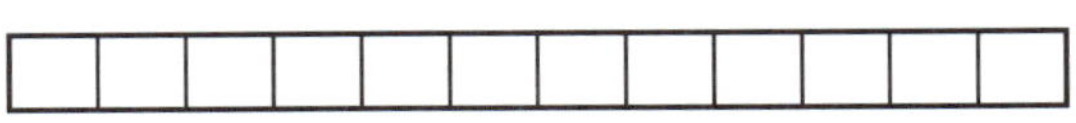

c) 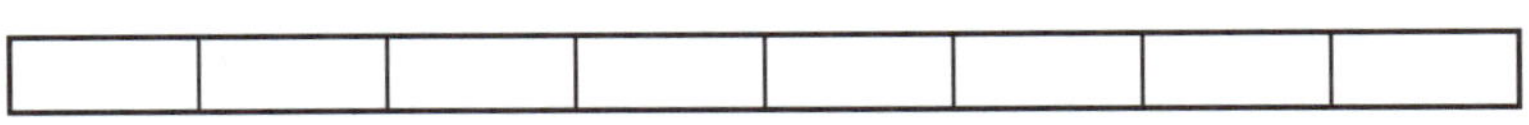

d) 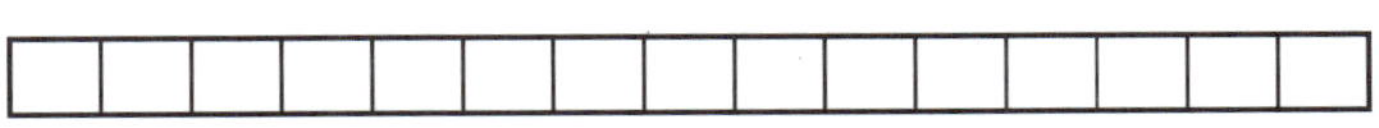

3 a) Aus wie vielen Dreiecken besteht die Figur?

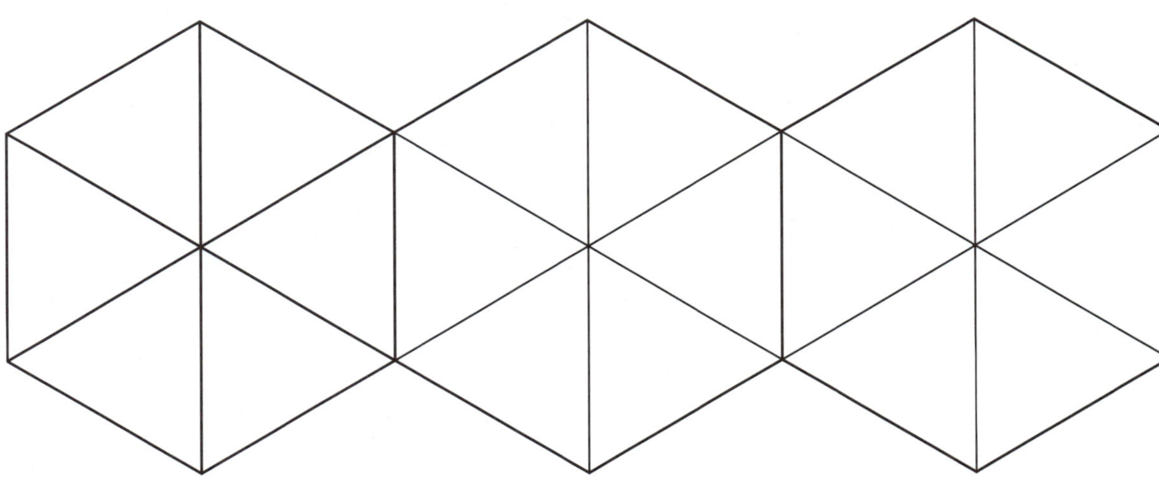

b) Färbe $\frac{4}{9}$ der Figur rot, $\frac{1}{3}$ gelb und den Rest grün. Welcher Bruchteil ist grün gefärbt?

Bruchteile von Größen

1

a)

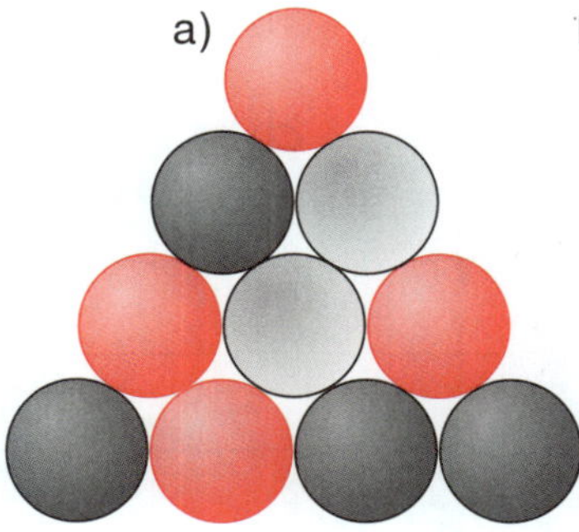

b)

c)

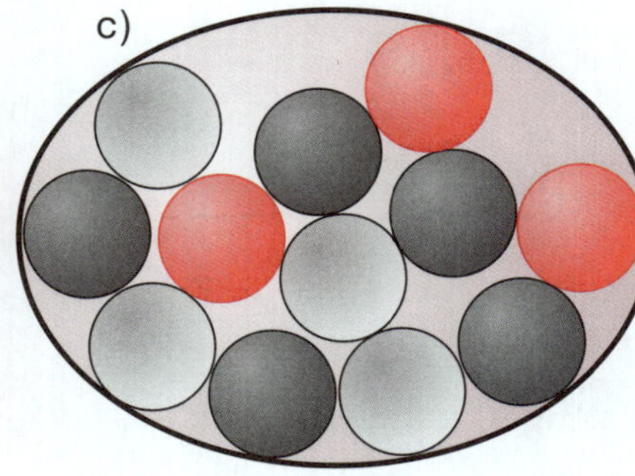

Welcher Bruchteil der Kugeln ist rot, grau oder weiß?

a)	b)	c)
rot: ________	rot: ________	rot: ________
grau: ________	grau: ________	grau: ________
weiß: ________	weiß: ________	weiß: ________

2

a) Aus wie vielen Teilen bestehen die Figuren? 1) ________ 2) ________ 3) ________
b) Färbe die Figuren so, wie es durch die Bruchteile angegeben ist.
c) Welcher Bruchteil bleibt jeweils weiß?

(1)

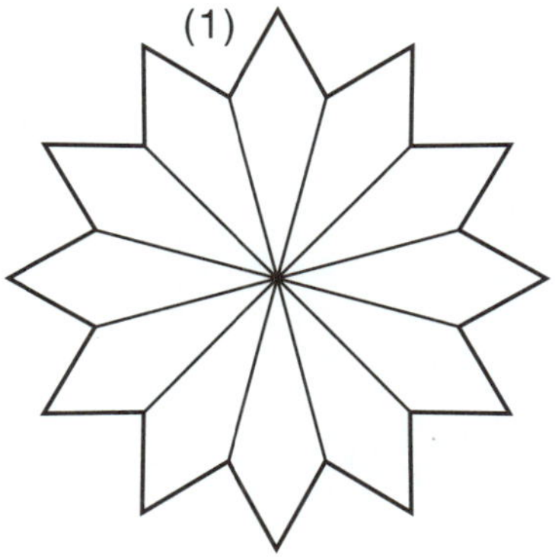

(2)

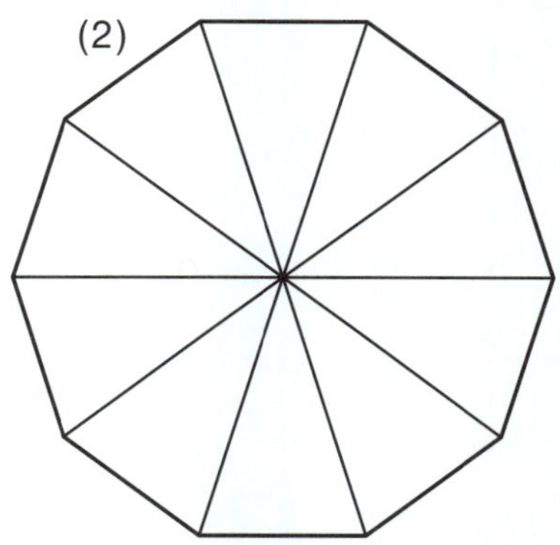

(3)

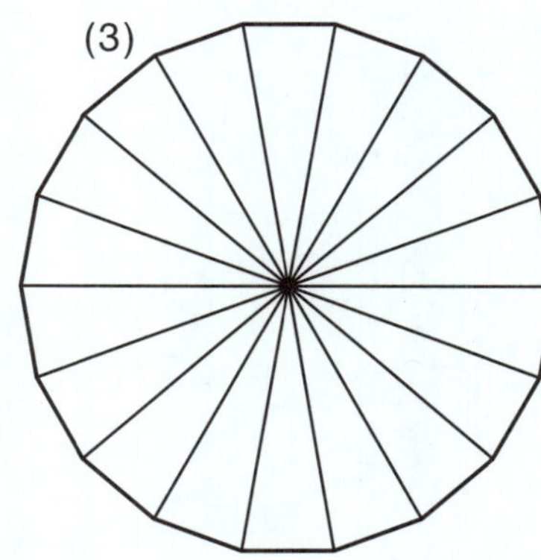

(1)	(2)	(3)
blau: $\frac{1}{4}$ grün: $\frac{2}{3}$	blau: $\frac{2}{5}$ grün: $\frac{3}{10}$	blau: $\frac{2}{9}$ grün: $\frac{2}{3}$
weiß: ________	weiß: ________	weiß: ________

3

In Sabrinas Klasse sind insgesamt 24 Schülerinnen und Schüler. Es sind 10 Jungen und 14 Mädchen. 8 Personen haben einen deutschen und einen ausländischen Pass.
Bestimme die Bruchteile:

Jungen: ____________ Mädchen: ____________ Ausländer: ____________

4

Beim Schulausflug trinken von 30 Schülerinnen und Schülern 8 Personen Limonade, 12 Personen sauren Sprudel und 6 Personen Apfelsaft. 4 Schülerinnen haben ein Getränk im Rucksack. Bestimme die Bruchteile.

Limo: ________ Wasser: ________ Apfelsaft: ________ Sonstiges: ________

Bruchteile von Größen

$\frac{3}{4}$ von 80 cm

1. Schritt: 80 cm in vier Teile teilen

2. Schritt: 3 Teile nehmen

$80\text{ cm} \xrightarrow{:4} 20\text{ cm} \xrightarrow{\cdot 3} 60\text{ cm}$

1 Berechne die Bruchteile.

$\frac{2}{3}$ von 48 cm ______ ⟶ ______ ⟶ ______

$\frac{4}{5}$ von 75 cm ______ ⟶ ______ ⟶ ______

$\frac{3}{8}$ von 720 km ______ ⟶ ______ ⟶ ______

$\frac{7}{12}$ von 144 mm ______ ⟶ ______ ⟶ ______

2 a) $\frac{5}{12}$ von 84 kg b) $\frac{7}{12}$ von 240 kg c) $\frac{10}{12}$ von 480 t d) $\frac{5}{12}$ von 84 kg

e) $\frac{7}{9}$ von 450 t f) $\frac{9}{11}$ von 330 mg g) $\frac{9}{10}$ von 750 kg h) $\frac{8}{25}$ von 75 g

3 Ein Stab von 120 mm Länge wird durchgebrochen. Gib die Bruchteile an.

a)
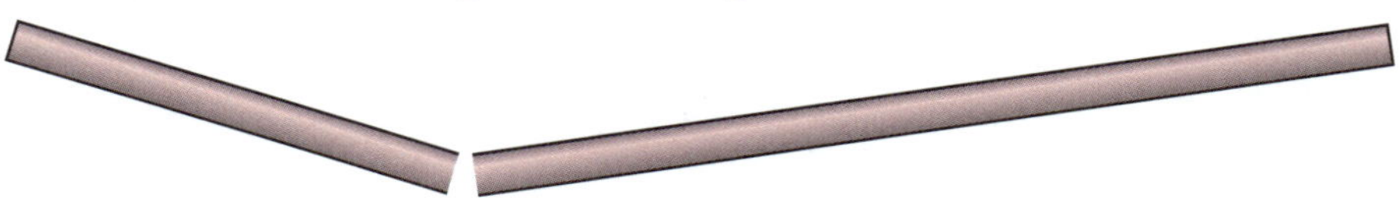

b)
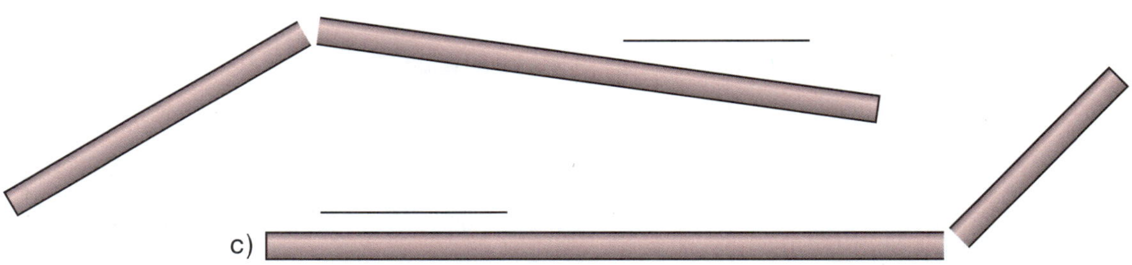

c)

4 a) $\frac{1}{6}$ von 420 km b) $\frac{1}{5}$ von 340 t c) $\frac{1}{4}$ von 300 EUR d) $\frac{1}{7}$ von 84 mg

5 In der Klasse 5b sind 24 Schüler. $\frac{2}{3}$ der Schüler erreichten eine Siegerurkunde bei den Bundesjugendspielen. Wie viele Schüler sind das?

Antwort: ______

Lösungen

S. 1

1. –
2. –
3. B = 9; C = 4; D = 7; E = 2; F = 6; G = 8; H = 1; I = 5

S. 2

1. a) 30; 80;110; 190; 240; 310
   b) 3100, 3400; 3600; 3900; 4250; 4400
   c) 54 000, 59 000; 61 000; 66 500; 73 000; 79 000

2.
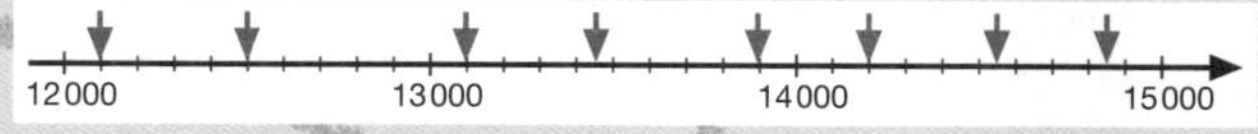

3.
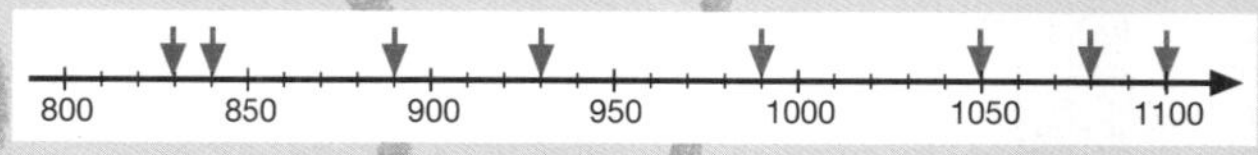

4.
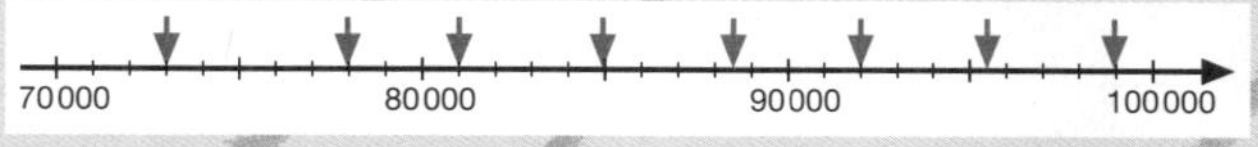

5.
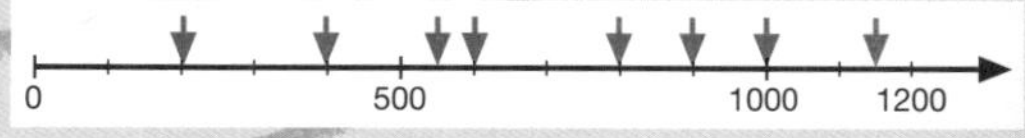

6.
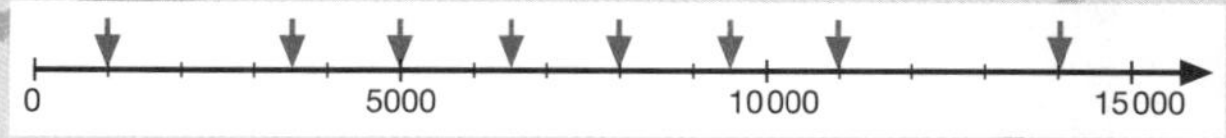

7.
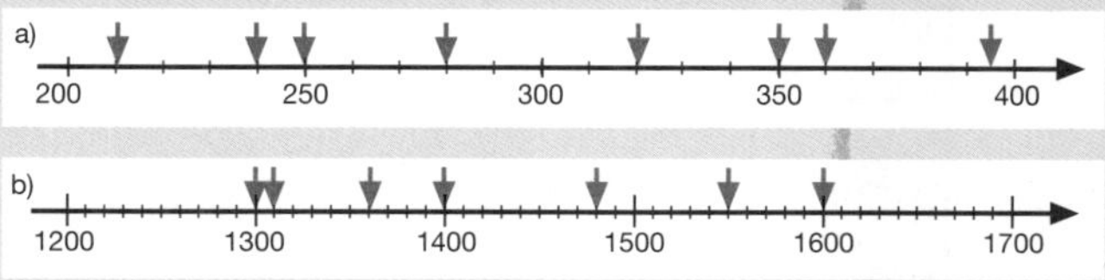

8.
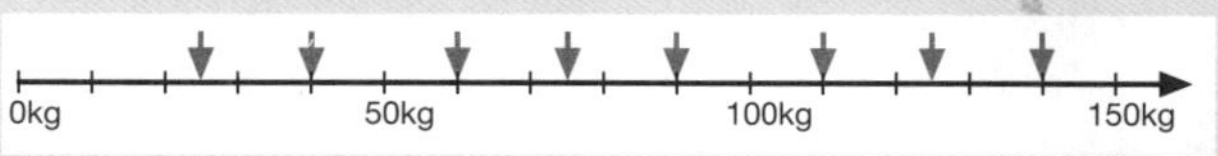

S. 3

1. a) 13 417; 13419
   20 800; 20 802
   b) 7400; 7500
   3000; 3100
   88 100; 88 200
   c) 13 000; 14 000
   19 000; 20 000
   26 000; 27 000

2. a) 8 Zehnerzahlen; 3880; 3890; 3900, 3910; 3920; 3930; 3940; 3950
   b) 6 Hunderterzahlen, 49 700; 49 800; 49 900; 50 000; 50 100; 50 200

3. größte Zahl: 3681; 198 321; 261 903 kleinste Zahl: 3427; 197 181; 209 913

4. a)
   641 [<] 713
   1542 [<] 1560
   1008 [<] 1108
   12 317 [<] 12 617

   b)
   10 418 [<] 14 018
   47 823 [>] 47 023
   23 000 [>] 22 999
   123 456 [<] 123 765

   c)
   3 · 5 [>] 6 + 8
   11 – 5 [<] 2 · 9
   18 : 3 [<] 15
   17 + 4 [>] 17 – 4

5. a) 11 < 13 < 36 < 45 < 78 < 79 < 87
   b) 811 > 801 > 425 > 245 > 205 > 118
   c) 1234 < 1235 < 1345 < 11234 < 21234
   d) 88 800 > 80 888 > 80 008 > 8888 > 8808

6. a) 147; 158; 169; 180; 191 + 11
   b) 71, 56; 41; 26 ; 11 – 15
   c) 106 , 105; 109 , 108; 112 + 4; - 1
   d) 20, 18; 36, 34; 68 · 2, - 2

S. 4

1. a)

Millionen			Tausender					
HM	ZM	M	HT	ZT	T	H	Z	E
				6	7	8	1	0
			5	0	7	4	8	9
				2	0	0	0	1
		3	5	0	0	7	0	1
1	0	2	4	5	6	0	0	3
			4	0	0	0	0	3
7	0	0	0	0	0	0	6	7
	8	9	0	0	0	5	0	5

b) 67 810 = 6 · 10 000 + 7 · 1 000 + 8 · 100 + 1 · 10
507 489 = 5 · 100 000 + 7 · 1 000 + 4 · 100 + 8 · 10 + 9 · 1
20 001 = 2 · 10 000 + 1 · 1
3 500 701 = 3 · 1 000 000 + 5 · 100 000 + 7 · 100 + 1 · 1
102 456 003 = 1 · 100 000 000 + 2 · 1 000 000 + 4 · 100 000 + 5 · 10 000 + 6 · 1 000 + 3 · 1

2. a) 5 M 7 ZT 6 H 1 Z 3 E
b) 1 HT 2 ZT 8 H 1 Z 7 E
c) 8 ZM 6 M 3 H 4 Z 3 E
d) 1 HM 1 HT 2 ZT 8 T 3 E

3. a) 6 100 201
b) 400 404 000
c) 67 000 320
d) 800 050 030

4. a) 36 213 900
b) 1 018 729
c) 103 500 000

5. a) von der Sonne aus: Merkur, Venus, Erde, Mars, Jupiter, Saturn
b) Merkur: 48 000 000 km; Venus: 108 000 000 km; Erde: 149 000 000 km; Mars: 228 000 000 km; Jupiter: 778 000 000 km; Saturn: 1 428 000 000 km

S. 5

1. a)

Billionen			Milliarden			Millionen			Tausender					
HB	ZB	B	HMrd	ZMrd	Mrd	HM	ZM	M	HT	ZT	T	H	Z	E
					3	2	0	0	4	5	0	0	0	0
								3	8	0	7	7	1	3
						4	5	0	8	1	3	2	7	1
		6	0	0	0	0	0	0	3	1	2	6	0	0

b) 3 200 450 000 = 3 · 1 000 000 000 + 2 · 100 000 000 + 4 · 100 000 + 5 · 10 000
3 807 713 = 3 · 1 000 000 + 8 · 100 000 + 7 · 1 000 + 7 · 100 + 1 · 10 + 3 · 1
450 813 271 = 4 · 100 000 000 + 5 · 10 000 000 + 8 · 100 000 + 1 · 10 000 + 3 · 1000 +
2 · 100 + 7 · 10 + 1 · 1
6 000 000 312 600 = 6 · 1 000 000 000 000 + 3 · 100 000 + 1 · 10 000 + 2 · 1 000 + 6 · 100

2. 9 Nullen, 12 Nullen, 4 Nullen, 7 Nullen, 10 Nullen

3. a) 18 000 043 811 039
b) 47 003 000 000 211
c) 503 012 046 000

4. a) 8 006 006 000 700
b) 40 004 005 000 000
c) 303 000 050 000

5. a) ☒ ☐ ☐
b) ☒ ☐ ☐

6. a) 89 000 000 < 890 000 000 < 8 900 000 000 < 890 000 000 000
b) 23 M < 500 M < 5 Mrd < 1 B

Lösungen

S. 6

1. a) 1 220; 2 620; 300; 1 231 510 ; 23 450 010
   b) 7 000; 9 000; 114 000; 60 000; 37 845 000

2.

	6 336 817	2 017 891	834 900 261	990 909
auf Hunderter	6 336 800	2 017 900	834 900 300	990 900
auf Zehntausender	6 340 000	2 020 000	834 900 000	990 000
auf Millionen	6 000 000	2 000 000	835 000 000	1 000 000

3. 12 346 → 12 300
   12 815 → 12 800
   12 492 → 12 500
   12 617 → 12 600
   12 398 → 12 400
   12 436 → 12 400

4. a) 27 750 < 27 800 < 27 849
   b) 164 500 < 165 000 < 165 499
   c) 2 405 000 < 2 410 000 < 2 414 999

5. a) 5 €; 17 €; 29 €
   b) 18 €; 101 €; 201 €
   c) 47 €; 100 €; 46 €

6. a) z. B. 163 345 Es gibt 5 Möglichkeiten.
   b) z. B. 151 983 Es gibt 5 Möglichkeiten.

S. 7

1. a) 670 km; 950 km; 190 km; 300 km
   b) ICE Brüder Grimm: 674 km; 665 km
   ICE Paula Modersohn- Becker: 194 km; 185 km
   ICE Thunersee: 954 km; 945km
   ICE Fliegender Hamburger 304 km; 295 km

2. ICE Hans Holbein: 726 km ≈ 730 km Schaubildstreifen 7,3 cm lang
   ICE Karl Jaspars: 221 km ≈ 220 km Schaubildstreifen 2,2 cm lang
   ICE Marieluise Fleißer: 971 km ≈ 970 km Schaubildstreifen 9,7 cm lang
   ICE Gerhard Mercator: 464 km ≈ 460 km Schaubildstreifen 4,6 cm lang

3. 5 314 ≈ 5 300 Schaubildstreifen 5,3 cm hoch
   3 052 ≈ 3 100 Schaubildstreifen 3,1 cm hoch
   1 221 ≈ 1200 Schaubildstreifen 1,2 cm hoch
   2 236 ≈ 2 200 Schaubildstreifen 2,2 cm hoch
   559 ≈ 600 Schaubildstreifen 0,6 cm hoch
   14 137 ≈ 14 100 Schaubildstreifen 14,1 cm hoch
   150 649 ≈ 150 600 Schaubildstreifen wäre 150,6 cm hoch, nicht möglich

S. 8

1.

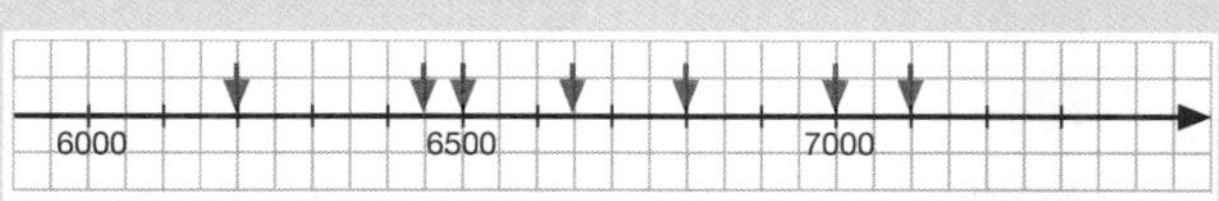

2. 35 821 < 358 721 < 367 812 < 367 921

3. a) 50 807 001
   b) 4 040 004 000
   c) 60 002 050 060
   d) 3 004 008 000 700

4. a) 16 000 016
   b) 634 007 000 000

5. a) 230 000; 210 000; 2 350 000
   b) 500 000 000; 45 200 000 000

6. 999 462 183 000

7. Dienstag: 4578 ≈ 4 600 Schaubildstreifen 4,6 cm lang
   Donnerstag: 6890 ≈ 6900 Schaubildstreifen 6,9 cm lang
   Sonntag: 10 765 ≈ 10 800 Schaubildstreifen 10,8 cm lang

S. 9

1. a) 61; 125; 71
   b) 134; 122; 63
   c) 169; 163; 298

2. a) 34; 53; 44
   b) 24; 44; 39
   c) 62; 217, 243

3. a) 55; 100, 155
   b 345; 197; 542
   c) 37; 51; 176

4. a)

32	23	12	1
83	74	63	52

b)

420	102	465	177
353	35	398	110

5. a) 370
b) 300
c) 200

6. a)

9	4	5
2	6	10
7	8	3

Summe: 18

b)

14	24	22
28	20	12
18	16	26

Summe: 60

c)

4	9	8
11	7	3
6	5	10

Summe: 21

7. a) 67 – 48 – 12 = 7
46 – 23 + 19 = 42
90 – 60 + 65 + 15 = 110

b) 121 – 29 + 8 = 100
88 + 132 + 100 – 12 = 308
640 – 500 + 125 – 65 = 200

S. 10

1. a) 456 + 89 + 37 = 582
b) 249 + 451 = 700
c) 567 – 305 = 262
d) 1023 – 918 = 105
e) 2312 + 998 = 3310

2. a) (345 + 126) – 212 = 259
b) (412 – 126) + 304 = 590
c) 714 + (603 – 578) = 739
d) (210 + 181) – (81 – 37) = 347
e) (671 – 529) + (21 + 809) = 972

3. a) 32; 135; 37
b) 67; 262; 797

4. a) 28 + (45 + 55) = 128
(31 + 69) + 43 = 143
(115 + 85) + 11 = 211

b) 116 + (32 + 78) = 226
(64 + 16) + 29 = 109
(320 + 480) + 56 = 856

5. a) 26; 21
b) 8; 60
c) 10; 15

S. 11

1. a) 588
b) 964
c) 1 369
d) 61 201
e) 68 356

2. a) 8 382
b) 810 177
c) 227 302
d) 333 515

3. a) 2708
b) 20 619
c) 82 049
d) 35 891

4. a)

8663	829	3318
8817	983	3472

b)

7789	14 114	7459
1296	7621	966

5. a) 186
b) 226
c) 2753
d) 6016
e) 11 246

6. a) 7113
b) 91 033
c) 47 719
d) 558 880

7. a) 1404
b) 2604
c) 75 713
d) 699 999

8. a)

2005	5316	5971
1500	4811	5466

b)

5650	4372	6732
22 278	21 000	23 360

9. a)
```
  4 3 1 3
+ 3 3 2 5

  7 6 3 8
```
b)
```
  8 9 0 7
+ 1 2 1 6

1 0 1 2 3
```
c)
```
  1 3 1 4 6
- 1 1 2 1 4

    1 9 3 2
```
d)
```
  4 2 0 9 3 4
- 2 9 1 0 8 2

  1 2 9 8 5 2
```

S. 12

1. a) 170 127
b) 70 008
c) 1005
d) 1 577 097

2. a) 4988; 4046
b) 230 111; 209 905
c) 84 002; 70 000
d) 71 481; 65 299

3. a) <; <; =
b) =; >; <

4. a) 448; 3585
b) 6916; 334; 7147

5. a) Start → A → E → G → Ziel: 11 115
Start → A → E → C → Ziel: 12 100
Start → A → B → C → Ziel: 10 354
Start → D → E → G → Ziel: 10 636
Start → D → E → C → Ziel: 11 621
Start → D → F → G → Ziel: 10 755
größte Zielzahl: 12 100;
kleinste Zielzahl: 10 354

b) Start → A → E → G → Ziel: 7781
Start → A → E → C → Ziel: 8766
Start → A → B → C → Ziel: 7020
Start → D → E → G → Ziel: 7302
Start → D → E → C → Ziel: 8287
Start → D → F → G → Ziel: 7421
größte Zielzahl: 8766;
kleinste Zielzahl: 7020

c) Start → A → E → G → Ziel: 8892
Start → A → E → C → Ziel: 9877
Start → A → B → C → Ziel: 8131
Start → D → E → G → Ziel: 8413
Start → D → E → C → Ziel: 9398
Start → D → F → G → Ziel: 8532
größte Zielzahl: 9877; kleinste Zielzahl: 8131

S. 13

1. 1. Schritt: 6056 2. Schritt: 3744 Antwort: 3744
2. 1579
3. 138 km; 421km; 367 km; 395 km
4. a) zu Armin: 17 898, zu Galina: 14 673; zu Altan: 2317
b) Galina u. Altan : 30 984
5. Es müssen 130 Blätter gedruckt werden.

S. 14

1. a) <
b) <
c) >
d) >

2. a) (1 306 + 423) + 39 = 1768
b) (367 + 513) – 216 = 664
c) (3 003 – 2 470) + (802 + 1 406) = 2741

3. a) 64
b) 380
c) 248
d) 381

4. a) 758
b) 76 089
c) 5223
d) 39 823

5. a) 451
b) 5616
c) 45 763
d) 22 222

6. a) 528; 7273; 70
b) 611; 9600; 227

7. 1952

S. 15

1. a) 48; 21; 10; 24
b) 27; 4; 64; 0
c) 8; 0; 42; 6

2. a) 3 · 8 = 24; 4 · 9 = 36; 8 · 5 = 40
b) 6 · 2 = 12; 3 · 9 = 27; 8 · 2 = 16
c) 7 · 5 = 35; 5 · 0 = 0; 1 · 3 = 3
d) 7 · 9 = 63; 1 · 5 = 5; 7 · 8 = 56

3. a) z. B. 8 = 2 · 4 = 1 · 8 = 4 · 2 = ...
b) z. B. 48 = 2 · 24 = 4 · 12 = 8 · 6 = ...
c) z. B. 36 = 3 · 12 = 12 · 3 = 6 · 6 = 2 · 18 = ...
d) z. B. 18 = 3 · 6 = 6 · 3 = 2 · 9 = 18 · 1 = ...

4. a) 3er-Reihe
b) 5er-Reihe
c) 9er-Reihe
d) 8er-Reihe
e) 4er-Reihe
f) 7er-Reihe

5. a) 120; 120; 350
b) 540; 90; 160
c) 1200; 2500; 0
d) 40 000; 24 000; 9 000

6. a) 5; 5; 9; 9
b) 3; 7; 67; 1
c) 6; 0; 7; 8

7. a) 40; 40
b) 4, 8
c) 5; 31
d) 6; 9

8. a)

·	7	2	6	8
8	56	16	48	64
4	28	8	24	32
3	21	6	18	24

b)

·	3	4	9	2	5
9	27	36	81	18	45
6	18	24	54	12	30
4	12	16	36	8	20

S. 16

1. a) 11 · 9 = 99
   b) 49 : 7 = 7
   c) 32 : 8 = 4
   d) 15 · 3 = 45

2. a) 78; 66; 200
   b) 7; 8; 5
   c) 10; 14; 9

3. a) 53; 15; 40; 48
   b) 8; 90; 55; 67

4. a) 92; 151; 74
   b) 41; 43; 12

5. a) (45 – 23) · 3= 66
   b) 50 : (34 – 29) = 10
   c) 42 : 6 + 17 = 24
   d) 5 · 8 – 19 = 21

6. Addiere ... → 35 + 30 : 5 – 15 = 26
   Multipliziere ... → (35 + 15) · 5 = 250
   Dividiere ... → (35 + 15) : (15 – 5) = 5

S. 17

1. a) 2375
   b) 1086
   c) 30 265

2. a) 42 050
   b) 41 340
   c) 228 800

3. a)

·	4	6	2	8
16	64	96	32	128
54	216	324	108	432

b)

·	30	10	60
109	3270	1090	6540
245	7350	2450	14 700

4. a) 15 390
   b) 107 787
   c) 46 967

5. a) 45 · 123 = 5535
   b) 1002 · 102 = 102 204
   c) 308 · 27 = 8316
   d) 511 · 98 = 50 078

6. a) 630; 61 830; 7290
   b) 20 434; 16 524 810; 28 350
   c) 22 550; 168 392; 612 045
   d) 166 268; 46 080 588; 828 144

7. a) = g) 7464; b) = e) 208 305; c) = f) 8400; d) = h) 24 360

8. a)
```
23 · 41
 92
  23
 943
```
b)
```
164 · 17
 164
 1148
 2788
```
c)
```
30 · 20
   600
```
d)
```
863 · 32
 2589
  1726
 27616
```

S. 18

1. a) 605 b) 502

2. a) 334; 123 b) 109; 158 c) 7851; 22 504 d) 522; 4133

3. a)

:	5	9	3
1350	270	150	450

b)

:	10	60	20
2700	270	45	135

4. a) 7813
   b) 4061
   c) 4132

5. a) 523; 2356
   b) 4501; 1002
   c) 5611;45
   d) 7663; 402

6. a) 152; 98
   b) 413; 156
   c) 1652; 1026
   d) 716; 1450

7. 33; 333; 3333; 33 333

S. 19

1. 6912 2. 786 432 3. 5000 4. 160 5. 250

S. 20

1. 3 · 8 = 24; 5 · 6 = 30; 1 · 5 = 5; 4 · 9 = 36; 2 · 7 = 14; 0 · 3 = 0

2. a) 7, 9 b) 7; 36 c) 4; 41 d) 8; 1

3. a) 30 · 15 : 9 = 50 b) 150 : 25 + 41 · 14 = 580

4. a) 95 b) 39

5. a) 20 736 b) 32 955 c) 2380 d) 1392

6. a) 483 b) 8608

7. 3, 6

S. 21

	3	6	1			1	2	8	
8	7	6	5			4	0	0	0
		4	3	1	4	4	1		
9	7	4		1	5		2	3	4
0	0		6	1	6	1		0	0
2	8		7	1	7	1		0	0
1	2	3		1	8		9	0	0
		4	9	1	6	4	0		
5	2	5	0			1	6	8	1
	6	6	0			4	3	5	

S. 22

1. a) 8 + 9 = 17; 16 + 9 = 25
   b) 3 · 4 = 12; 3 · 8 = 24; 3 · 16 = 48
   c) 400 : 4 = 100; 400 : 8 = 50; 400 : 16 = 25
   d) 4 – 3 = 1; 8 – 3 = 5; 16 – 3 = 13
   e) 4 · 4 + 10 = 26; 4 · 8 + 10 = 42; 4 · 16 + 10 = 74
   f) 20 · 4 – 6 = 74; 20 · 8 – 6 = 154; 20 · 16 – 314

2.

x	1 · x	2 · x	3 · x + 5	100 : x – 3
0	0	0	5	
1	1	2	8	97
2	2	4	11	47
10	10	20	35	7
25	25	2 · 25 = 50	80	1

3. a) 7 · x – 10 b) 2 · x + 45 c) x : 3 + 23

4. a) x = 4 b) x = 10 c) x = 2 d) x = 4

5. a)

x	10 · x
2	20
7	70
10	100
12	120

b)

x	40 : x
1	40
2	20
4	10
5	8

c)

x	4 · x + 2
2	10
3	14
5	22
10	42

S. 23

1. a) x = 20 b) x = 57 c) x = 96 d) x = 26
   e) x = 11 f) x = 28 g) x = 55

2. a) x = 3 b) x = 6 c) x = 15 d) x = 12
   e) x = 21 f) x =24 g) x = 81

3. a) x · 5 = 15; x = 3 b) x – 8 = 22; x = 30 c) x · 3 = 12; x = 4

S. 24

1. a) x = 8
   b) x = 21
   c) x = 10
   d) x = 42
   e) x = 25

2. a) x · 9 + 8 = 80; x = 8
   b) x : 3 – 14 = 6; x = 60
   c) x : 4 – 6 = 25; x = 124

3. a) x = 6; x = 3
   b) x = 90; x = 100
   c) x = 8; x = 8

4. a) 2 · x + 3 = 19; x = 8
   b) x : 4 – 4 = 12; x = 64

S. 25

1. a) 5 · 3 = 15; 5 · 9 = 45; 5 · 10 = 50
   b) 90 · 3 = 270; 90 · 9 = 810; 90 · 10 = 900
   c) 7 · 3 – 9 = 12; 7 · 9 – 9 = 54; 7 · 10 – 9 = 61

2.

x	6 · x	8 · x	3 · x + 71	60 : x – 3
1	6	8	74	57
5	30	40	86	9
12	72	96	107	2

3. a) x = 55 b) x = 81 c) x = 5 d) x = 5 e) x = 5
   f) x = 10 g) x = 3

4. Multipliziert … 7 · x + 61 = 110; x = 7
   Dividiert … x : 7 + 110 = 120; x = 70
   Addiert … x · 22 + 7 = 51; x = 2

S. 26

1. a || a; a || d; (d || a); b || b; b || c; (c || b); b || e; (e || b); c || c; c || e; (e || c); d || d; e || e; f || f; g || g; g || j; (j || g); g || k; (k || g); h || h; h || l; (l || h); j || j; j || k; (k || j); k || k

2. a ⊥ g; (g ⊥ a); b ⊥ d; (d ⊥ b); b ⊥ f; (f ⊥ b); c ⊥ e; (e ⊥ c)

3. Die Aussage ist wahr.

S. 27

1. a) A 1 cm B 2,5 cm C 2 cm D 1 cm
   b) A 1,2 cm B 2,5 cm C 1,5 cm D 3 cm E 2 cm F 1,8 cm

2.

	a	b	c	d	e	f	g	h
a	$\parallel$			$\parallel$				$\perp$
b		$\parallel$	$\parallel$				$\perp$	
c		$\parallel$	$\parallel$				$\perp$	
d	$\parallel$			$\parallel$	$\perp$			$\perp$
e				$\perp$	$\parallel$	$\parallel$		
f					$\parallel$	$\parallel$		
g		$\perp$	$\perp$				$\parallel$	
h	$\perp$			$\perp$				$\parallel$

3.

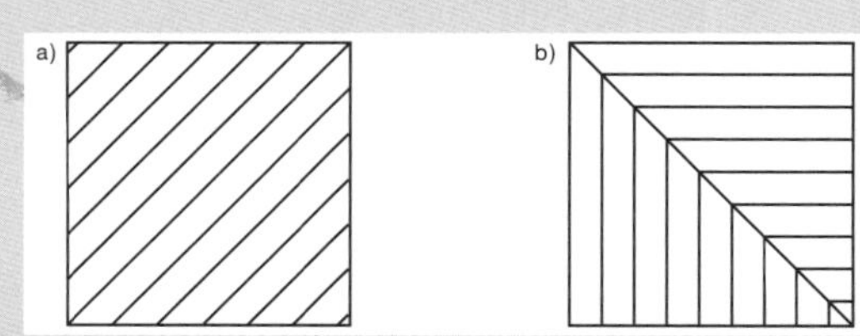

S. 28

1. a) (1) 15,9 cm, 10,5 cm, 15,9 cm, 10,5 cm; (2) 4,0 cm, 1,8 cm, 4,0 cm, 1,8 cm;
   (3) 2,1 cm, 2,1 cm, 2,1 cm, 2,1 cm, (4) 4,2 cm, 1,3 cm; 4,2 cm, 1,3 cm
   (5) 1,8 cm, 1,8 cm; 1,8 cm; 1,8 cm; (6) 3,0 cm; 3,0 cm; 3,0 cm; 3,0 cm;
   (7) 1,2 cm, 2,5 cm, 1,2 cm, 2,5 cm; (8) 3,5 cm, 3,3 cm, 3,5 cm, 3,3 cm;
   (9) 2,2 cm, 2,5 cm, 2,2 cm, 2,5 cm; (10) 4,2 cm, 1,3 cm, 4,1 cm, 1,1 cm
   b) Rechtecke (R) oder Quadrate (Q): (1) R; (2) R; (3) Q; (6) Q; (7) R; (8) R; (9) R

S. 29

1. A (2 | 2) B (5 | 2)
   C (5 | 5) D (2 | 5)
   E (3,5 | 0) F (7 | 3,5)
   G (3,5 | 7) H (0 | 3,5)
   I (3 | 2) K (4 | 2)
   L (5 | 3) M (5 | 4)
   N (4 | 5) O (3 | 5)
   P (2 | 4) Q (2 | 3)

2. 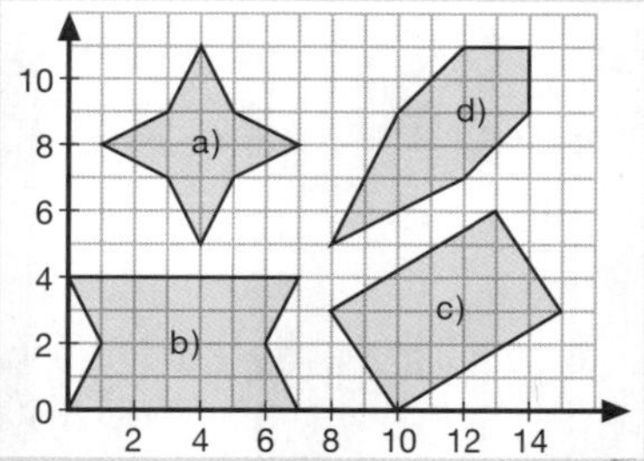

S. 30

1. 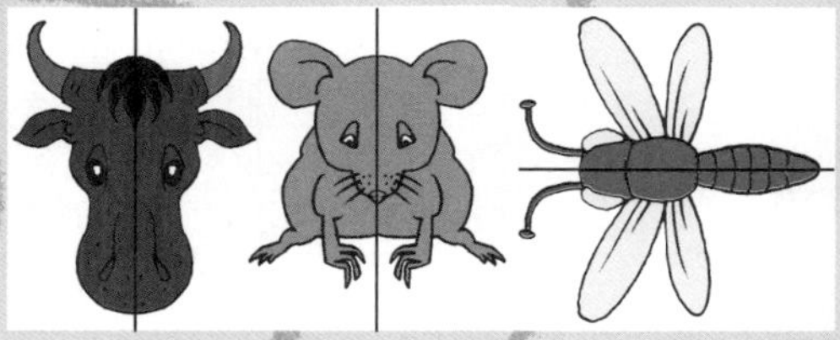

2. 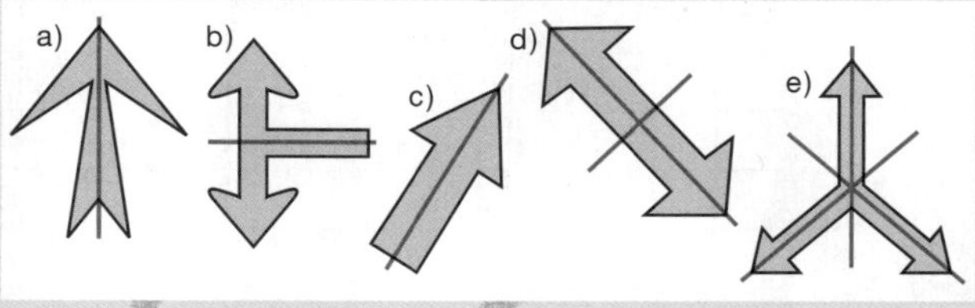

3. 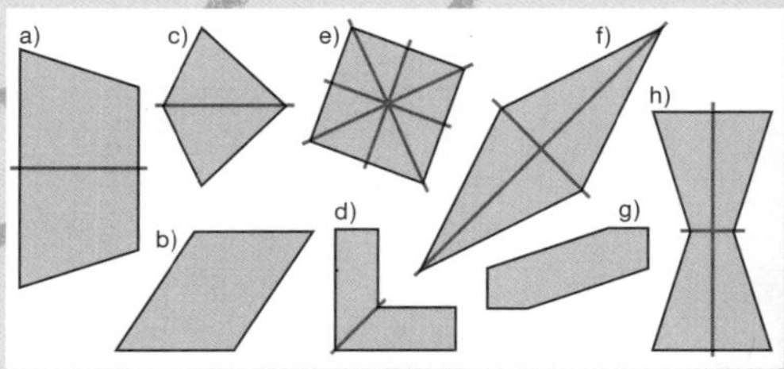

4. 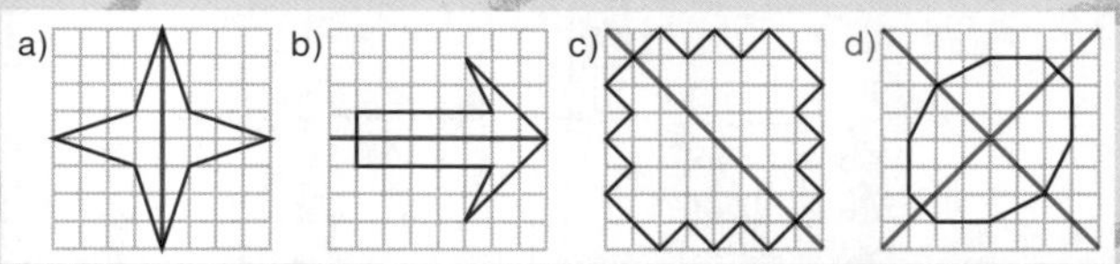

S. 31

1. 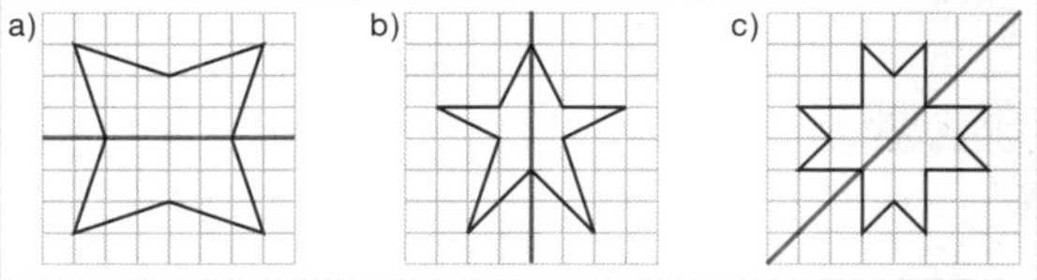

2. 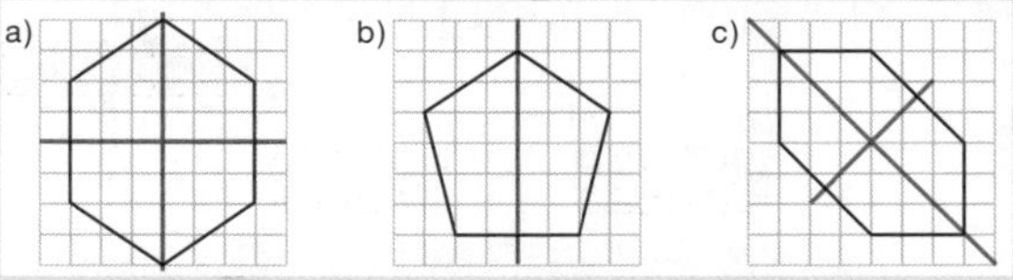

3. 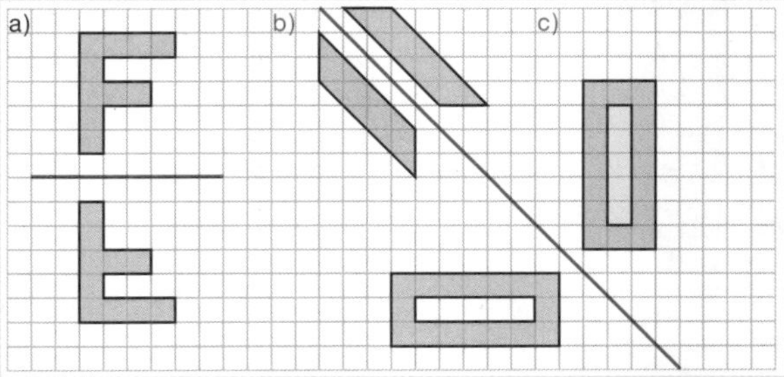

4. Für das Rechteck gilt das nicht.

S. 32

1. a) Das Podest ist weder Würfel noch Quader.
   b) Der Zettelkasten ist ein Würfel, der CD-Stapel ist ein Quader.
   c) Aysche hat Recht. Der Würfel erfüllt alle Eigenschaften des Quaders.

2. Sie ist nicht quaderförmig, da ihre Seitenflächen Trapeze sind.

3. a) 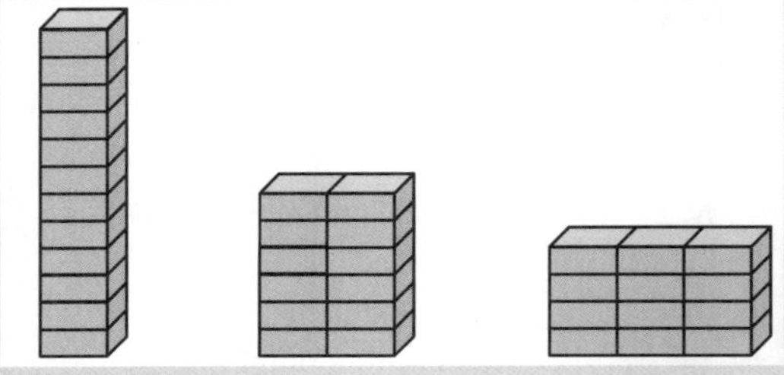

   b) 1 x 1 x 8 1 x 2 x 4 2 x 2 x 2
   3 Möglichkeiten
   c) 1 x 1 x 5
   1 Möglichkeit

Lösungen

S. 33

1.

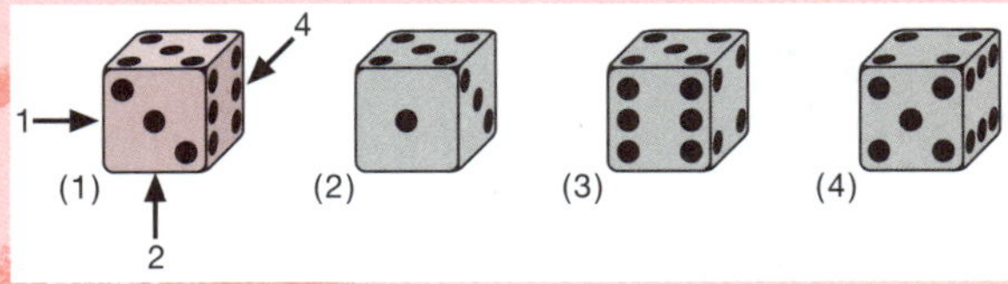

2.

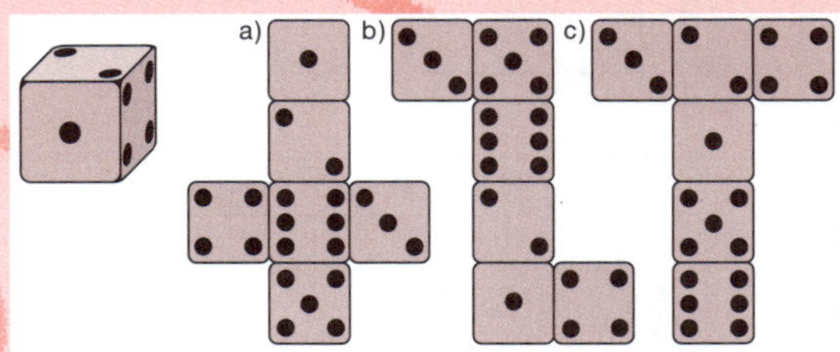

3a)

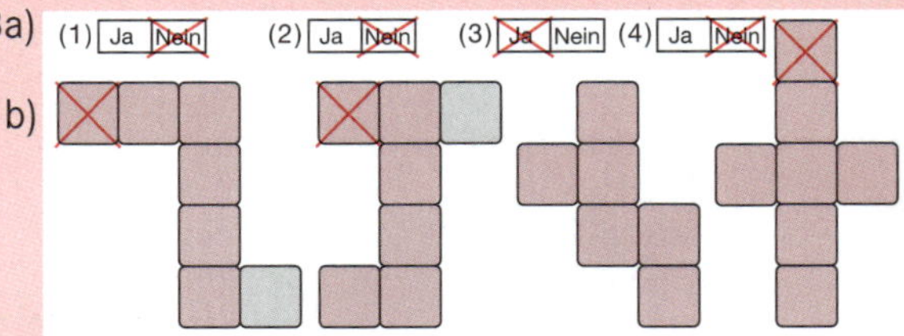

S. 34

1.

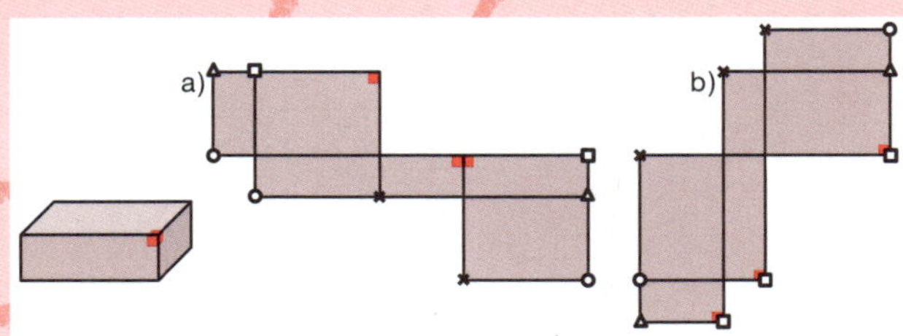

2a)

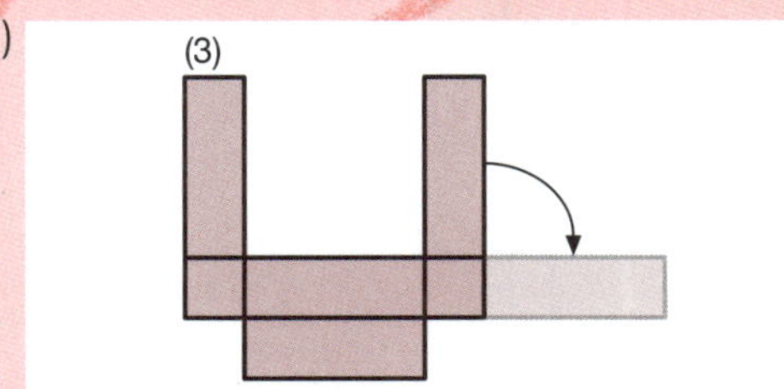

3.

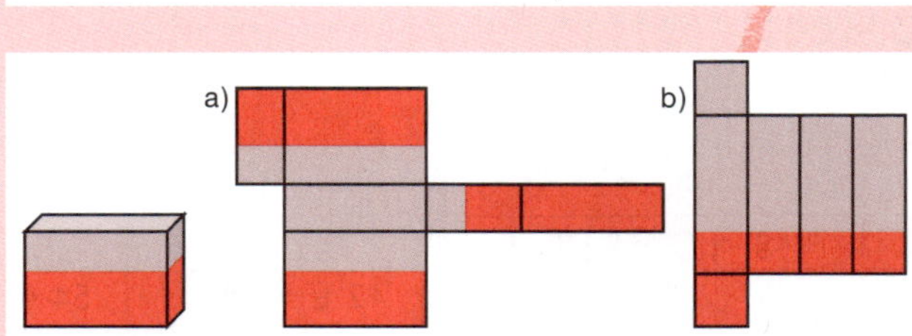

b)

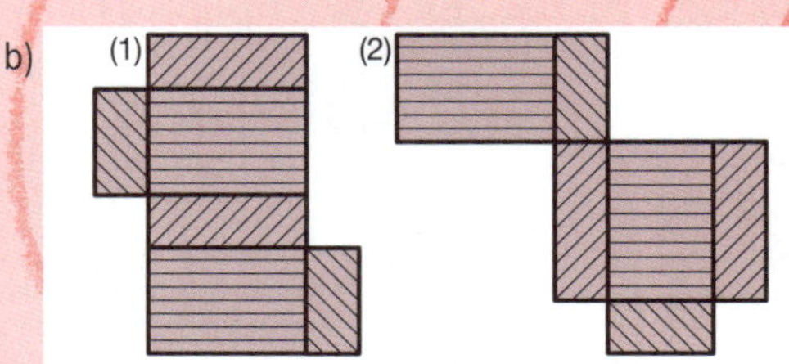

c)

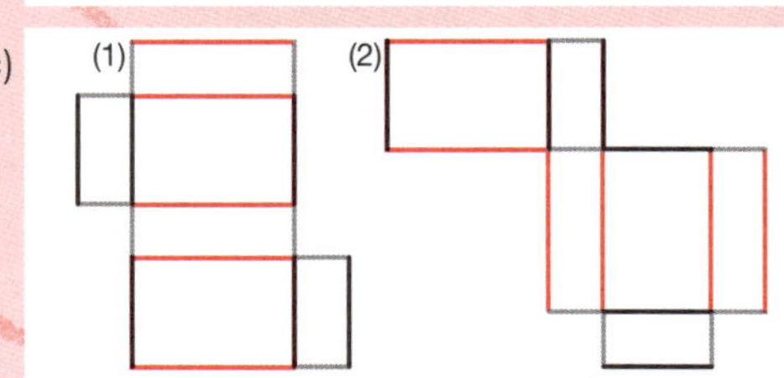

S. 35

1.

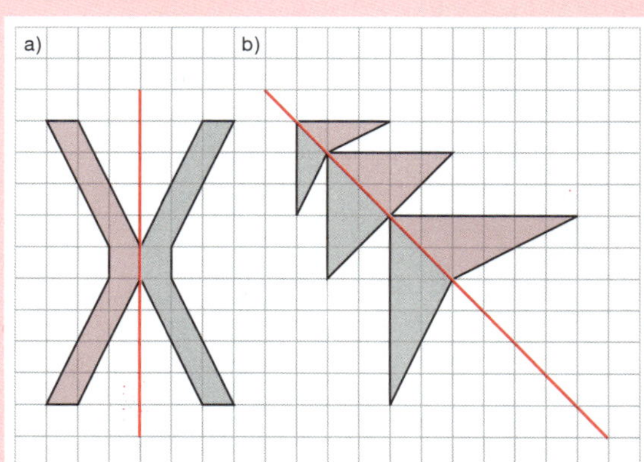

2.

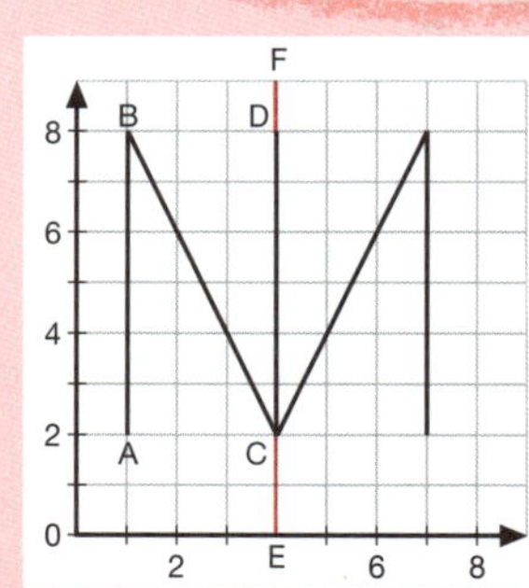

c) (4/2)
(4/8)
(7/2)
(7/8)

4. Haus vom Nikolaus; Hampelmann; Flugzeug von oben; Auto von oben; gleichseitiges Dreieck; regelmäßiges 4-, 6-, 8-, 10- ... Eck; regelmäßiges 3-, 5-, 7-, 9- ... Eck

S. 36

7.

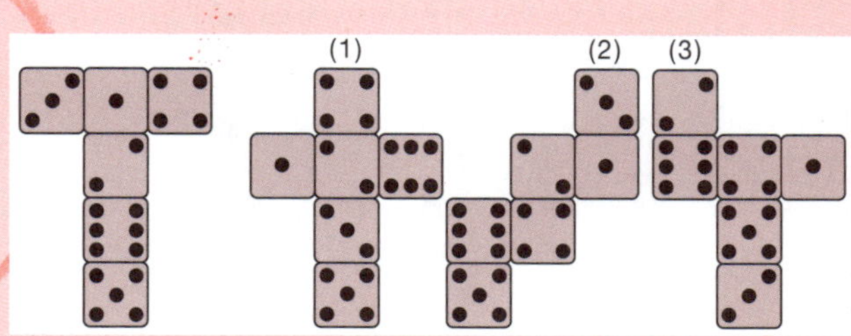

S. 37

1. a) City-Bike: 419,75 € = 2 · 200 € + 1 · 10 € + 1 ·5 € + 2 · 2 € +1 ·50 ct + 1 · 20 ct + 1 · 5 ct
   Fahrrad-Computer: 18,55 € = 1 · 10 € + 1 · 5 € +1 ·2 € + 1 · 1 € + 1 · 50 ct + 1 · 5 ct
   2 Gepäcktaschen: 119,98 = 1 · 100 € +1 · 10 € +1 · 5 € + 2 · 2 € +1 · 50 ct + 2 · 20 ct +1 · 5 ct + 1 · 2 ct 1 · 1 ct
   1 Gepäcktasche: 59,99 € = 1 · 50 € + 1 · 5 € + 2 · 2 € + 1 · 50 ct + 2 · 20 ct + 1 · 5 ct + 2 · 2 ct
   Mountain-Bike: 835,59 € = 1 · 500 € + 1 · 200 € + 1 · 100 € + 1 · 20 € + 1 · 10 € + 1 · 5 € + 1 · 50 ct + 1 · 5 ct + 2 · 2 ct

   b) 80,25 € 1,45 € 80,02 € 14,01 €

   Der nächst größere Schein hieße:

City Bike	420 €	Wechselgeld 25 ct
Fahrrad-Computer	20 €	Wechselgeld 1,45 €
1 Gepäcktasche	60 €	Wechselgeld 1 ct
Mountain Bike	840 €	Wechselgeld 4,41 €

2. 4047,40 €

3.

	5-€-Schein	10-€-Schein	20-€-Schein
Anzahl	29	0	0
Anzahl	1	14	0
Anzahl	1	0	7
Anzahl	1	4	5
Anzahl	9	0	5

S. 38

1. a) 2,50 €
   b) 2,25 €
   c) 13,60 €
   d) 18,75 €
   e) 8,80 €

2. 12,53 €; 7,47 €

3. a) 3 €
   b) 15 €

4. a) 67,07 €
   b) 76,34 €
   c) 48,68 €
   d) 25,56 €

5. a) 37,36 €; 47,25 €; 40,45 € b) 2,82 €; 24,32 €; 162,32 € c) 2,05 €; 2,01 €; 7,25 €

S. 39

1. a)

Gewicht	1 kg	2 kg	3 kg	4 kg	5 kg	6 kg	7 kg	8 kg	9 kg	10 kg
Preis	6 €	12 €	18 €	24 €	30 €	36 €	42 €	48 €	54 €	60 €

   Es entsteht die 6er-Reihe.

   b) Zum doppelten Gewicht gehört der doppelte Preis, zum dreifachen Gewicht der dreifache Preis usw.
   c) Zum fünften Teil des Gewichts gehört der fünfte Teil des Preises. Ebenso beim dritten Teil, vierten Teil usw.

2.

Stück	1	2	3	4	5	6	7	8	9	10	11	12	13	14	15
ct	20	40	60	80	100	120	140	160	180	200	220	240	260	280	300

S. 40

1. gemessen:
   a = 16,2 cm; b = 10,5 cm; c = 3,7 cm;
   d = 7 cm; e = 2,4 cm; f = 6,8 cm;
   g = 9,5 cm; h = 6,4 cm; i = 5,8 cm

2. a) 300 mm b) 450 mm c) 47 km
   1600 cm 78 000 mm 650 dm
   1960 dm 960 m 7,5 km

3.

km			m			dm	cm	mm
H	Z	E	H	Z	E			
	2	3	0	5	0	6	4	1
	1	6	0	2	0	6	5	8
2	2	5	0	0	8	0	7	5
	9	0	8	7	3	2	0	4
	6	5	0	8	8	0	7	4
	3	0	0	0	6	4	0	8
5	0	2	0	0	6	0	0	0

S. 41

1. a) 400 404 dm; 33,033 km; 3 300 401 cm; 33,004 km; 32 333 333 mm; 3300 m
   b) 208,3 km; 208 209 m; 208 208 208 mm; 2 082 080 dm; 2 082 080 cm

2. a) 75,07 m; 4,209 km; 44 cm; 22,2 dm; 3,2 km; 13,3 cm
   b) 0,4 km; 1,34 m; 139 cm; 153 mm; 13,3 km; 43,6 dm

3. a) 21,024 km
   b) 65,018 km
   c) 45,717 m

4. a) 55 km
   b) 2530 km

5. a) 46,72 m; 19,4 km; 422,1 cm; 72,63 dm; 147 km
   b) 6,7 m; 1,04 cm; 81,5 m; 0,43 km; 3,5 dm
   c) 54,12 m; 6,7 km; 9,7 cm; 5,85 mm; 8,27 cm

Lösungen

S. 42

1. a) 5 kg; 16 000 g; 48 000 mg; 50 t; 0,036 kg
   b) 45 g; 78 kg; 53 000 000 g; 9,5 kg; 46 g
   c) 69 t; 0,165 kg; 1 kg; 850 000 g; 35 g

2. 105 000 g = 105 kg
   68 t = 68 000 000 g
   86 000 g = 0,086 t
   72 450 kg = 72,45 t
   0,608 t = 608 kg
   12 800 mg = 12,8 g
   6058 g = 6,058 kg

3.

t			kg			g			mg		
H	Z	E	H	Z	E	H	Z	E	H	Z	E
				3	2	0	5				
				2	8	0	2	0	1	4	6
2	2	5	0	8	7	0	1	6	0	0	0
			9	4	6	0	8	7	0	3	2
				6	1	5	0	7	8	8	0
	3	0	0	0	9	6	0	4	0	0	0
		4	0	3	0	8	2	5	0	0	0

4. 700 707 g;
   0,557 t;
   0,55007 t;
   55,055 kg;
   55 000 g;
   52 555 555 mg;
   5 500 701 mg

S. 43

1. a) 105 090 g; 5,218 kg; 19,83 t; 14 188 kg; 22 300 g
   b) 5,8 kg; 14,95 t; 507, 104 g; 4250 g; 2292 kg

2. a) 48,166 t   b) 46024,007 kg

3. a) 848 kg   b) 14 Träger   c) 11 Träger

4. a) 187,2 kg   292 mg   0,72 g   2,49 t   35,084 kg
   b) 6,77 kg   1,04 mg   42,25 t   2,007 kg   3,46 t

S. 44

1. a) 360 s   900 s   1200 s   540 s   2700 s
   b) 10 min   15 min   8 min   100 min   14 min
   c) 369 s   905 s   2412 s   1535 s   739 s

2. 105 s = 1 min 45 s   2 h 46 min = 166 min   5 d = 120 h
   210 min = 3 h 30 min   10 h 50 min = 650 min
   608 min = 10 h 8 min   20 h = 1200 min

3. a) 300 000 s
   = 5000 min
   = 83 h 20 min
   = 3 d 11 h 20 min

   b) 150 000 s
   = 2500 min
   = 41 h 40 min
   1 d 17 h 40 min

   c) 750 000 s
   = 12 500 min
   = 208 h 20 min
   = 8 d 16 h 20 min

   d) 1 000 000 s
   16 666 min 40 s
   = 277 h 46 min 40 s
   = 11 d 13 h 46 min 40 s

4. a) 48 min   41 min   28 min   19 min
   b) 8 h 44 min   6 h 53 min   5 h 22 min   3 h 2 min
   c) 8 h 3 min   5 h 48 min   11 min   2 h 32 min

S. 45

1. a) 10 h 45 min   5 h 9 min   22 h 45 min   2 d 9 h   7 d 20 h
   b) 13 d   10 d 16 h   10 d 1 h   4 d 22 h   69 min 43 s

2. a) 5 h 23 min   b) 10 h 53 min   c) 6h 44 min   d) 4 h 52 min   e) 7 h 57 min   f) 8 h 43 min

3. 2 h 44 min   5 h 11 min   14.26 Uhr   4.04 Uhr   13.43 Uhr   18.38 Uhr   20.45 Uhr

4. a) 31 Tage haben Januar, März, Mai, Juli, August, Oktober, Dezember. 30 Tage haben April, Juni, September, November. Im Schaltjahr 2000 hat der Februar 29 Tage.
   b) 26 Tage
   c) 99 Tage   72 Tage   121 Tage   325 Tage   329 Tage   426 Tage

S. 46

1. a)

	500 €	200 €	100 €	50 €	20 €	10 €	5 €	2 €	1 €
297 €		1		1	2		1	1	
847 €	1	1	1		2		1	1	
6420 €	12	2			1				
18 945 €	37	2			2		1		

2. 45 205,50

3. a) 7035 m; 12 056 m
b) 35 070 m; 103 003 m
c) 17 003 m; 32 032 m

4. a) 249,052 kg
b) 31,518 kg
c) 35,077 kg

5. a) 5 300 602 cm 43 300 dm 333 333 mm 33 000 cm 15,033 m 33,004 dm
b) 4 054 050 g 4,05 t 405 409 g 405 405 405 mg 405,3 kg 405 kg

6. a) 480 s; 600 s b) 3 min; 5 min c) 312 s; 495 s

7. a) 6 d 16 h b) 8 d 8 h c) 16 d 16 h d) 25 d

S. 47

1. 1 l-Milchtopf → $\frac{3}{4}$
Uhr → $\frac{5}{6}$
12-Schokokuss-Schachtel → $\frac{5}{12}$
Bonbons → $\frac{4}{9}$ $\left(\frac{5}{9}\right)$
Schokotafel 4 x 6 → $\frac{10}{24}$ $\left(\frac{14}{24}\right)$
Limokasten → $\frac{2}{3}$ $\left(\frac{1}{3}\right)$
Pizza → $\frac{3}{8}$ $\left(\frac{5}{8}\right)$

2. a) 16 gefärbt
8 farblos
b) 18 gefärbt
12 farblos
c) 27 gefärbt
9 farblos
d) 30 gefärbt
18 farblos

3. a) (1) 4 Teile (2) 7 Teile
(3) 9 Teile (4) 6 Teile
(5) 8 Teile (6) 10 Teile
b) $\frac{5}{6}$

S. 48

1. a) 6; $\frac{1}{6}$; $\frac{3}{6}$ b) 12; $\frac{1}{12}$; $\frac{8}{12}$ c) 8; $\frac{1}{8}$; $\frac{4}{8}$

2. a) 10 Teile; $\frac{4}{10}$ b) 12; $\frac{4}{12}$ c) 8; $\frac{4}{8}$ d) 15; $\frac{4}{15}$

3. a) 18 b) rot: 8 Teile gelb: 6 Teile grün: 4 Teile → $\frac{2}{9}$

S. 49

1. a) $\frac{4}{10}$ $\frac{4}{10}$ $\frac{2}{10}$ b) $\frac{4}{10}$ $\frac{3}{10}$ $\frac{3}{10}$ c) $\frac{3}{12}$ $\frac{5}{12}$ $\frac{4}{12}$

2. a) (1) 12 Teile (2) 10 Teile (3) 18 Teile
b) 3 Teile; 8 Teile 4 Teile; 3 Teile 4 Teile; 12 Teile
c) $\frac{1}{12}$ $\frac{3}{10}$ $\frac{2}{18}$

3. $\frac{10}{24}$ $\frac{14}{24}$ $\frac{8}{24}$

4. $\frac{8}{30}$ $\frac{12}{30}$ $\frac{6}{30}$ $\frac{4}{30}$

S. 50

1. 48 cm → 16 cm → 32 cm
75 cm → 15 cm → 60 cm
720 km → 90 km → 270 km
144 mm → 12 mm → 84 mm

2. a) 35 kg b) 140 kg
c) 400 t d) 35 kg
e) 350 t f) 270 mg
g) 675 kg h) 24 g

3. a) $\frac{40}{120}$ $\frac{80}{120}$
b) $\frac{45}{120}$ $\frac{75}{120}$
c) $\frac{90}{120}$ $\frac{30}{120}$

4. a) 70 km b) 68 t
c) 75 EUR d) 12 mg

5. 16 Schüler.